ASTRID NESTLER

dogsExperten

Versteh mich doch!

Hundesprache richtig deuten

ASTRID NESTLER

dogs Experten

Versteh mich doch!

Hundesprache
richtig deuten

Wolf-Mensch-Hund
eine uralte *Beziehung*
in neuem Licht

Wie erfährt
der *Hund*
seine *Welt?*

Wie *Hunde* untereinander
kommunizieren

Hundesprache
richtig lesen

So versteht *Ihr Hund,*
was Sie
von ihm wollen!

Liebe künftige
Hundeversteher

Buddy verliert keine Worte. Auch wildes Gehampel hat er nicht nötig. Wenn mein Irish Terrier etwas von mir will, stellt er sich gerade auf alle viere und neigt nur ganz leicht sein Köpfchen. »Bitte« sagt er damit, »bitte gib mir etwas von deinem Essen!«, »Bitte lass uns spazieren gehen!«, »Bitte lass mich auf deinem Sofa kuscheln!« Ich verstehe das gut und antworte mit Worten. »Nein« – Buddy bekommt nichts vom Tisch. »Na gut« – wir gehen täglich zwei Stunden spazieren. »Und hopp« – Hunde dürfen bei mir aufs Sofa.

Der minimale Neigungswinkel seines Kopfes reicht, um mit mir Kontakt aufzunehmen. Wenn ich jedoch meinen eigenen Kopf neige und die Augenbrauen hochziehe, weil ich nicht möchte, dass er seine Pfote auf meinem weißen Hemd platziert oder das Pferd auf Nachbars Weide vor sich hertreibt, hüpft Buddy entweder an mir hoch wie ein Gummiball oder pest mit dem wilden Hengst von nebenan auf und davon. Versteht er meine Sprache nicht?

»Eine Beziehung lebt von ihrem Bindegewebe«, hat der deutsche Aphoristiker und Hochschullehrer Michael Marie Jung einmal gesagt. Leichter gesagt als getan. Hunde und Menschen sind bekanntlich zwei verschiedene Arten und sprechen unterschiedliche »Sprachen«. Dennoch hilft es, wie in Beziehungen unter Menschen viel von dem zu »produzieren«, was Nähe schenkt, Vertrauen weckt und die Beziehung wachsen lässt. Bindegewebe macht Lebenspartner unverwechselbarer füreinander – und zur wichtigsten Bezugsperson auf der Welt. Stellt sich nur die Frage: Welches Bindegewebe bilden Hunde, wenn sie Nähe suchen oder aufbauen wollen? Und welches wir Menschen? Ist der »Stoff«, den jeder von uns schafft, der gleiche? Oder arbeiten sich Hunde und Menschen auf ganz unterschiedliche Weise vor in Richtung Harmonie?

Rückblickend auf mich und mein persönliches Leben mit Hund kann ich behaupten: Es gibt nicht die »Körpersprache«, nicht die »Beziehungs-regeln«, weil es nicht den Hund und den Menschen gibt. Mein erster Hund, Bastian, ein Langhaardackel, hat mich kaum wahrgenommen.

Für ihn zählte meine Mutter als Bezugsperson und Futtergeberin. Damals machte man sich kaum Gedanken um die Körpersprache und Wahrnehmung von Hunden. Viel später kam Jupiter, mein erster eigener Hund, zu mir. Er war ein Parson Russell Terrier und ein Hund, den der Himmel schickte. Jupiter verstand superschnell und war mir emotional sehr nah. Leider ist er viel zu früh an Staupe gestorben. Danach wurde Sammy, auch ein Parson, mein ständiger Begleiter und blieb stolze 16,5 Jahre. Sammy war ein ausgespro-chen unabhängiger Hund. Er hat gemacht, was er wollte, was er nicht wollte, hat er nicht gemacht. War er genervt, fing er gern an zu hüsteln. Heute, mit Buddy, arbeite ich in der Hundeerziehung be-

wusster als früher und setze meinen Körper viel gezielter ein, um meinen Worten mehr Gewicht zu verleihen. Zugegeben, manchmal komme ich mir dabei albern vor, aber es hilft ungemein. Der Hund versteht mich besser. Psychologen sagen, wenn der Empfänger nicht oder falsch ver-steht, ist es immer ein Problem des Senders!

Herzlichst, Ihr

Chefredakteur DOGS

Wolf–Mensch–Hund

eine uralte *Beziehung*

in neuem Licht

Ein
Paradigmenwechsel

Es ist noch nicht lange her, da lebten Hunde einfach neben uns Menschen. Sie mussten machen, was wir ihnen befohlen. Das ist heute anders. Ein grundsätzlicher Wandel hat stattgefunden, weg von Dominanz und strenger Hierarchie, hin zu Kooperation und Partnerschaft.

Bis vor einigen Jahrzehnten war es dem Menschen relativ egal, was der Hund empfand. Solange er seinen Zweck erfüllte, wurde er gefüttert und versorgt. Meine Mutter wurde auf einem Bauernhof in der Eifel geboren. Die Hofhunde, meist Schäferhunde, waren wie die Kühe und die Katzen auch Nutztiere. Sie lebten tagsüber im Zwinger, in einer Kälberbox und auch mal an der Kette. Nachts liefen sie frei, um Haus und Hof zu bewachen. Spezielles Hundefutter war meinen Großeltern unbekannt und wäre ihnen wahrscheinlich völlig dekadent erschienen. Die Hunde bekamen, was der Mensch nicht aß.

EIN GRUNDSÄTZLICHER WANDEL FAND STATT

Heute ist das völlig anders. Viele Familienhunde werden ähnlich umsorgt wie Kinder. Sie besuchen die Huta, die

Die Unterschiede zwischen Mensch und Tier verschwimmen. Tiere können viel mehr als wir bisher dachten. Doch auch in uns Menschen ist die tierische Vergangenheit immer noch lebendig.

Hundetagesstätte, während Herrchen und Frauchen arbeiten gehen, und wenn sie dort abgeholt werden, erzählt die Hundesitterin genau, was der Liebling den Tag über erlebt und gelernt hat. Schwimmkurse und Frühförderung für Hunde sind an der Tagesordnung. Das Leben für den Hund ist in den letzten 50 Jahren nicht unbedingt besser oder schlechter geworden, nur anders. Nie zuvor wurden gerade in Großstädten so viele Hunde gehalten wie jetzt, fast ausschließlich als Sozialpartner, als tierisches Familienmitglied. Und nie zuvor war das Bedürfnis, das Wesen des Hundes und seine Sprache zu verstehen, größer als heute.

Über die Sprache der Hunde und die richtige Weise, sich mit diesen Tieren zu verständigen, gab es noch nie so viele Informationen wie heute. Doch das macht es nicht unbedingt leichter. Je menschenähnlicher der Status von Hunden wird, desto eher vermenschlichen wir die Kommunikation mit ihnen. Das führt zu vielen Missverständnissen und zu sogenanntem Problemverhalten, wie Raufen oder unkontrolliert Jagen. Wir glauben, der Hund verstehe jedes Wort, und merken nicht, wie oft man aneinander vorbeiredet. Der Satz:

»Aus heiterem Himmel hat er plötzlich …« ist in der Regel falsch. Vielmehr sind uns Menschen die entsprechenden Signale des Hundes entgangen, oder wir haben sie schlichtweg nicht richtig gelesen, falsch interpretiert und übersehen, womit er dieses Verhalten ankündigte.

Nicht nur unsere Beziehung zum Hund hat sich verändert, sondern unser Verhältnis zur Tierwelt an sich ist im Umbruch. Je mehr wir über Tiere wissen, desto geringer wird anscheinend der grundsätzliche Unterschied zwischen ihnen und uns. Fast alles, worin man glaubte, als Mensch einzigartig zu sein, entdeckt die Forschung gerade in abgewandelter Form auch im Tierreich. Soziale Fähigkeiten wie Mitgefühl, Fairness, Hilfsbereitschaft, Selbstlosigkeit und vorausschauendes Handeln sind nicht exklusiv menschlich, sondern haben sich ebenso aus dem Tierreich entwickelt, wie unser Körper und unser Verstand. Dass Tiere Stimmungen wie Stress oder Begeisterung empfinden und ausdrücken können, ist unter den meisten Wissenschaftlern inzwischen kein Streitpunkt mehr. Anstelle der traditionellen Rangfolge von Mensch und Tier ist etwas anderes getreten: Die Erkenntnis, dass Tiere nur anders sind. Sie sprechen und denken zwar nicht wie wir, aber sie sprechen und denken. Unser Nichtverste-

Sammy und ich

Ich sitze am Schreibtisch und arbeite. Mein Hund Sammy kommt ins Zimmer, bleibt stehen und sieht mich an. Als ich nicht reagiere, stupst er zart mit seiner Nase an mein Knie. Er schaut zu mir hoch. Unsere Blicke treffen sich und halten einander fest. Ich beuge mich hinunter, um ihn zu streicheln. Sammy schmatzt, drückt den Rücken durch und streckt sich meiner Hand entgegen. Sein Schmatzen wird lauter, als ich ihn hinter seinen Ohren massiere. Ein Außenstehender könnte meinen, dieser Hund braucht Aufmerksamkeit, bettelt um Zuwendung. In Wirklichkeit ist es ein Austausch, ein Geben und Nehmen. Die Freude des Hundes wird zu meiner

Freude, und ich genieße die Berührung ebenso wie er. Als ich meine Hand wegziehe und mich aufrichte, scheint er kurz abzuschätzen, ob ich nur eine Pause einlege oder das Tête à Tête tatsächlich beende. Als er sieht, dass ich mich wegdrehe und weiterschreibe, dreht auch er sich um, geht durch die Tür und macht sich auf die Suche nach einem anderen Zeitvertreib.

Partnerersatz, Spielkamerad und Couch-Kuschler: Kein Tier lebt so dicht und so vertraut mit Menschen zusammen wie der Hund. Biologisch gesehen ist ein Hund aber immer noch ein Raubtier.

hen ist kein Beleg für ihr Unvermögen, im Gegenteil, manchmal scheint es so, als ob insbesondere der Hund uns besser kennt und versteht als wir uns selbst.

EIN STÜCK WILDNIS IM WOHNZIMMER

Domestikation, also Haustierwerdung, wurde lange Zeit als Naturbeherrschung, als »Zähmung der wilden Bestie« beschrieben. Noch Konrad Lorenz, der berühmte österreichische Verhaltensforscher und Nobelpreisträger, verstand Mitte des letzten Jahrhunderts die Haustierwerdung

als einen Verlust der Wildheit. Lorenz sah in den Veränderungen der instinktiven Verhaltensmuster domestizierter Tiere Symptome des Verfalls. Dagegen verstehen heutige Verhaltensbiologen Domestikation nicht mehr als einen Akt der Zähmung oder als Vorboten des Niedergangs der Art, sondern als die Fähigkeit eines Tieres, sich an ein Leben mit dem Menschen anzupassen. Und kein Tier ist so gut angepasst an das Leben mit uns Menschen wie der Hund. Zu dieser Erkenntnis beigetragen hat nicht zuletzt die moderne Wolfsforschung. Seitdem die Telemetrie systematische Freilandbeobachtung von

Wölfen erlaubt, ist das Wissen über diese Tierart geradezu explodiert. Insbesondere das Bild von der strengen Hierarchie im wölfischen Sozialverband hat sich in Luft aufgelöst. Alpha-Tiere dominieren das Rudel keineswegs mit Härte und Gewalt, sondern sorgen freundlich und als einschätzbare, verlässliche Sozialpartner für die Verbundenheit der Gruppe. Chef ist, wer ausgeglichen ist, das Rudel zusammenhält und seinen Fortbestand sichert. Im Umgang mit Hunden hat dieser Paradigmenwechsel weg von der Dominanz, hin zur Kooperation eine Art Kulturrevolution angestoßen.

HUNDE VERSTEHEN KÖRPERSPRACHE

Hunde sprechen, aber nicht mit Worten, sondern mit ihrem Körper. Sie registrieren jede Bewegung, jede Veränderung in der Körperhaltung ihres Gesprächspartners. Wenn wir uns vorbeugen, und sei es auch bloß einen Zentimeter, könnte dies eine Aggression darstellen. Lehnen wir uns dagegen zurück, fühlen sie sich eingeladen und zu uns hingezogen. Wenn wir uns aufrecht hinstellen und die Schultern anspannen, wird der Hund eher unseren Anweisungen folgen, als wenn wir die Schultern hängen lassen. Ruhig und gleichmäßig atmend können wir eine Anspannung lösen, aber wenn wir die Luft anhalten, können wir sie zum Ausbruch bringen. Hunde achten sehr genau darauf, ob unser Gesicht und die Gesichtsmuskeln entspannt sind, weil das unter Hunden wichtige Zeichen sind. Menschen mit einem guten Körpergefühl, denen also jederzeit klar ist, was ihre Hände, ihre Füße, ihre Augenbrauen oder ihre Schultern gerade tun, haben es daher leichter, einem Hund ihre Botschaft zu vermitteln.

MEINE BOTSCHAFT

Jedem aufgeregten Kind kann man sagen: »Jetzt hol mal tief Luft und hör gut zu.« Bei Hunden funktioniert das nicht. Sie leben in ihrer eigenen Welt. Um den Hund

Nicht immer kommen unsere Botschaften beim Hund an. Manchmal kann und manchmal will er uns ganz einfach nicht verstehen.

Kinder und Hunde sind authentisch. Sie zeigen ihre Gefühle offen.

wirklich zu erreichen, muss der Mensch in diese Welt reingehen und versuchen zu verstehen, wie Hunde fühlen und denken. Und genau das möchte dieses Buch Ihnen erklären. Welchen Handlungsrahmen hat ein Hund überhaupt? Was ist Hunden wichtig und worüber unterhalten sie sich? Was können wir von einem Hund erwarten und was nicht?

Und noch etwas möchte dieses Buch Ihnen vermitteln. Nämlich die Idee, dass die Beschäftigung mit dem Wesen des Hundes eine Chance ist, über die eigene Persönlichkeit nachzudenken und sich selber besser zu verstehen. Wie selbstsicher bin ich, wie authentisch und klar? Wer seinen Hund anschaut, blickt in einen Spiegel, in einen Spiegel der eigenen Persönlichkeit. Weil Hunde auf Körpersprache reagieren, spiegeln sie den Grad unserer Authentizität wider. Denn unser Körper macht ständig Aussagen, ob wir uns dessen bewusst sind oder nicht. Am besten kommunizieren Menschen, die es schaffen, ihre Körpersprache mit dem in Einklang zu bringen, was sie übermitteln möchten. Solche Menschen empfinden wir als glaubwürdig, weil wir uns darauf verlassen können, dass wir ihre Botschaft verstehen. Da ist nichts unklar, doppeldeutig oder verborgen. Sie wirken sicher und unmissverständlich. Und genau an diesem Punkt wird das Erlernen der Hundesprache zu mehr als nur Vokabel-training. Wer lernen möchte, authentisch zu sein, arbeitet an seiner Persönlichkeit.

Wie erfährt

der **Hund**

seine *Welt?*

Die
Kinderstube
prägt den **Hund**

Vom Tag seiner Geburt an kann der Welpe riechen. Ab dem Augenblick, wo er Augen und Ohren öffnet, beginnt seine Sozialisierung. In dieser sensiblen Phase der Welpenzeit merkt sich der Hund, wer zu seiner sozialen Matrix gehört. Im Zusammensein mit Mutter und Wurfgeschwistern lernt er, sich richtig zu verhalten. Viel wichtiger als zum Beispiel Dogdance ist es also für Welpen und junge Hunde, gute Beziehungen aufzubauen – zu Artgenossen und zu Menschen.

Die Welpen- und Junghundphase ist die Zeitspanne von etwa 24 Monaten, in der ein Hund körperlich, geistig und emotional heranreift. In dieser Zeit muss er an unterschiedlichste Menschen, Orte, Gegenstände und an Regeln gewöhnt, das heißt sozialisiert werden. Jedes Mal, wenn Ihr Welpe etwas Neues erlebt, neue Orte kennenlernt, fremden Menschen oder sogar anderen Tierarten begegnet, sammelt er wertvolle Erfahrungen.

Die Grundlage für eine gelungene Sozialisation des Hundes ist seine Kinderstube. Seine Mutter bringt ihm bei, Autorität zu respektieren, was ihn für den späteren Halter leichter erziehbar macht und wodurch er sich besser an die Familie anpasst. Rangeleien mit seinen Geschwistern trainieren seine körperlichen und geistigen Fähigkeiten und formen seinen Charakter.

Im Kontakt mit der Mutter und den Geschwistern lernen die Welpen die artgerechte Kommunikation.

Außerdem lernt er dadurch, angemessen mit Artgenossen zu kommunizieren. Welpen haben angeborene Verhaltensmuster zur Kommunikation. Diese müssen jedoch durch Lernen noch perfektioniert und erweitert werden. Daher ist es von großer Bedeutung, sie nicht zu früh von ihrer Mutter und den Geschwistern zu trennen.

PRÄGUNG UND SOZIALISIERUNG

Die meisten Theorien über die Entwicklung von Welpen entstanden durch die Beobachtung von Wölfen und wurden in den 1950er- und 1960er-Jahren vor allem an Beagles nachvollzogen. Dabei handelte es sich jedoch um Laborhunde, die kaum Menschenkontakt hatten. Damals trennte man die sogenannte Prägephase in der vierten bis siebten Woche strikt von der Sozialisierungsphase, die etwa von der 8. bis zur 14. Woche reicht. In der Prägephase macht der Welpe erstmals nennenswerte Lebenserfahrungen, indem er in

Eine menschliche Familie ersetzt keine Hundefamilie. Wir Zweibeiner verhalten uns einfach nicht so wie Hunde. Ohren auslecken, an der Analdrüse riechen, Maulwinkel stubsen, sich im Dreck wälzen, pföteln – all das machen nur Hunde.

ersten Raufereien mit den Wurfgeschwistern seine soziale Stellung testet. Unter Sozialisierung versteht man, dass der Hund die Lebewesen und Dinge kennenlernt, mit denen er in seinem späteren Leben zu tun haben wird. Jetzt wird eingeübt, welche Regeln für den Kontakt gelten. Mittlerweile sind die Grenzen zwischen Prägung und Sozialisation allerdings verschwommen, und zahlreiche Studien haben gezeigt, dass das Gehirn der Hunde flexibler und länger plastisch ist, als man früher angenommen hat. Hunde können ohne Weiteres auch nach der 14. Lebenswoche an neue Menschen und Situationen sozialisiert werden.

Außerdem ist man inzwischen der Ansicht, dass Hunde und andere hoch entwickelte Säugetiere keine Prägephase im klassischen Sinne haben. Es gibt sowohl bei Hunden als auch Menschen Zeitabschnitte, in denen Erfahrungen eine besonders nachhaltige Wirkung haben, und die kommen während der gesamten Lebensdauer immer wieder vor. Der Welpe befindet sich zwar in einer prägenden Phase, dennoch können Dinge, die in dieser Zeit erlernt werden, später wieder verlernt oder auch modifiziert werden. Sie sind also nicht auf ewig eingeprägt und unveränderbar. Daher spricht man heute bei Hunden nicht von Prägung, sondern von sensiblen Phasen.

WIE SICH DIE SINNE BEI WELPEN ENTWICKELN

In den ersten Tagen nach der Geburt sind die Babys noch blind, taub und unfähig zu laufen. Sie wirken insgesamt recht hilflos. Die Natur hat ihnen jedoch von Anfang an sogenannte »Reflexbewegungen« mitgegeben, die sie zum Überleben brauchen. Hierzu gehören die pendelnden Suchbewegungen mit dem Kopf, um die Zitzen der Mutter zu finden, und der Milchtritt. Letzterer dient dazu, das Gesäuge der Mutter zu stimulieren, indem sich der Welpe mit seinen Vorderbeinen an ihrem Bauch abstemmt. So bekommt er außerdem genügend Luft beim Saugen.

Sechs Schritte ins Leben

Der neugeborene Welpe durchlebt sechs Entwicklungsschritte, bis er zu einem erwachsenen Hund heranreift.

Vegetative Phase: Der Geruchssinn ist zwar noch nicht wesentlich ausgebildet, aber er funktioniert, wie der Tastsinn, vom Tag der Geburt an. Bis zum Alter von zwei Wochen sind Augen und Ohren noch geschlossen. Die Welpen suchen nach den Zitzen der Mutter, trinken und schlafen. Durch muckende Laute während des Trinkens geben sie der Mutter zu verstehen, dass sie sich wohlfühlen. Die Ausscheidungen erfolgen auf die Leckstimulation der Mutter hin.

Übergangsphase: Um den 10. bis 13. Lebenstag öffnen sich die Augen und die äußeren Gehörgänge der Welpen. Bis die Welpen akustische und optische Reize voll wahrnehmen können, dauert es bis zum 17. oder 18. Lebenstag. Ab dieser Zeit sind Hundebabys in der Lage, ihre Köpfe

anzuheben, und aus den noch schmalen Sehschlitzen beobachten sie interessiert Mutter und Geschwister. Zudem können sie selbstständig Harn und Kot absetzen und entfernen sich dazu vom Lager. Jetzt unternehmen Welpen auch ihre ersten Steh- und Laufversuche. In der dritten bis vierten Lebenswoche brechen bei den Hundejungen die ersten Zähne durch. Welpen nehmen ihre Umwelt nun verstärkt wahr und müssen eine Vielzahl neuer Eindrücke verarbeiten.

Primäre Sozialisation: Sie vollzieht sich in der vierten bis siebten Woche. Die Hundemutter stillt ab. Jetzt beginnt das soziale Spielverhalten, die Welpen lernen

INFO

Hunde sind flexibel

Der Begriff »Prägung« wurde von dem Verhaltensforscher Konrad Lorenz (1903–1989) eingeführt. Das prägungsähnliche Lernen bei Welpen ist jedoch umkehrbar und damit weitaus anpassungsfähiger als das von Lorenz beschriebene Lernen bei Graugänsen. Diese größere Flexibilität bei Hunden bedeutet, dass nicht »alles zu spät« ist, wenn der Start ins Leben nicht optimal war. Trotzdem besteht die Gefahr, dass Hunde, die unter Stress und reizarm aufwachsen müssen, Verhaltensstörungen entwickeln und sich nur schwer in unser soziales Umfeld einpassen können.

Mit diesem Rempler sagt der Kleine seinem Kollegen: »Weg da! Das gehört mir.« Diese Botschaft wird verstanden.

Reife ist bei großen Rassen zum Teil erst im Alter von 36 Monaten erreicht.

Umzug in die Menschenfamilie

Laut Tierschutz-Hundeverordnung darf ein Welpe in Deutschland erst nach Vollendung der achten Lebenswoche von der Mutter getrennt werden. In Österreich ist die Abgabe der Welpen erst mit neun Wochen erlaubt, wohingegen es in England absolut üblich ist, Welpen direkt nach dem Abstillen mit sechs oder sieben Wochen zu vermitteln. Es scheint also unterschiedliche Ansichten darüber zu geben, wann der richtige Zeitpunkt gekommen ist, die Welpen von der Mutter zu trennen. Viele Fachleute halten den Wechsel in die neue Umgebung schon mit acht Wochen allerdings für zu früh. Die bisherige Vorstellung, dass die Sozialisierung der Welpen mit der neuen Bezugsperson eine Abgabe zwischen der achten und neunten Woche erforderlich mache, ist inzwischen überholt. Eine zu frühe Trennung von Mutter und Wurfgeschwistern kann sich negativ auf das Wohlbefinden und das Verhalten der Welpen auswirken, vor allem weil die Kommunikation mit anderen Hunden noch nicht ausgereift ist. Diese wird nur durch Kontakt mit Artgenossen gelernt. Positive Effekte einer frühen Abgabe waren hingegen nicht nachweisbar. Es wird daher inzwischen empfohlen, Welpen erst zwischen der zehnten und zwölften Woche abzuholen, es sei denn Aufwachs-

die Beißhemmung, indem sie von ihren Geschwistern knurrend zurechtgewiesen werden, wenn sie zu grob waren. Gegen Ende der vierten Lebenswoche verlassen die Welpen erstmals ihr Wurflager und erkunden die nähere Umgebung. Neugier und Lernfähigkeit der Kleinen sollten wir uns nun zunutze machen und sie in Kontakt mit vielerlei Umweltreizen bringen.
Sekundäre Sozialisation oder Sozialisierungsphase: Sie findet in der 8. bis 14. Woche statt. Die Welpen lernen über intensive Sozialspiele mit Artgenossen die Auseinandersetzung mit der Umwelt, bilden ihr Sozialverhalten aus und erlernen die hündische Kommunikation.
Junghundephase: Sie dauert bis zur Pubertät, die je nach Rasse im sechsten bis neunten Monat einsetzt. In dieser Zeit übt und verfestigt der Hund sein Sozialverhalten und seine Kommunikationsfähigkeit. Statusverhältnisse in der sozialen Gruppe etablieren sich.
Nach der Pubertät: Der junge Hund ist nun körperlich erwachsen. Die soziale

bedingungen oder Atmosphäre in der Zuchtstätte lassen eine frühe Trennung von Mutter und Geschwistern sinnvoll erscheinen. Ansonsten steht auch einem noch späteren Abholtermin zwischen der 13. und 16. Woche nichts entgegen.

Wichtig: Kontakt zu Artgenossen

Hunde werden nicht menschenfreundlich geboren. Der Grundstein für ein entspanntes Miteinander von Mensch und Hund wird im Welpenalter gelegt. In dieser Zeit sollen die Vierbeiner sozial kompetent und umweltsicher werden. Soziale Kompetenz, also hündische Umgangsformen wie »bitte« oder »danke«, lernt der Kleine aber am besten in der Gemeinschaft mit Artgenossen, nicht von Menschen. Sie zeigen ihm, wann und wie er weichen, meiden oder beschwichtigen muss.

Die meisten Familienhunde wachsen jedoch recht isoliert auf. Denn bereits mit etwa acht Wochen kommen sie zu Menschen, die oftmals noch hundeunerfahrener sind als der Welpe selbst. Missverständnisse und Verhaltensstörungen sind häufig die Folge. Viele Hundeneulinge meinen nämlich, sie müssten den Junghund einfach nur überallhin mitnehmen und ihn unsere Welt erfahren lassen, damit er später zu einem gelassenen und alltagstauglichen Vierbeiner wird. Sie zeigen ihm nicht, wie man sich in der Hundewelt benimmt, weil sie es selbst nicht wissen. Der junge Hund lernt nicht, Konflikten aus dem Weg zu gehen oder sich deeskalierend zu verhalten. So kommt es, dass er dem Blick eines dominanten Artgenossen unbedarft standhält, statt zur Seite zu schauen. Womöglich

springt er sogar ungestüm und mit dem Gefühl »Hoppla, hier komm ich« in ihn hinein statt höflich Distanz zu wahren. Er tappt von einem Fettnapf in den nächsten. Unsere menschlichen Sinne funktionieren außerdem ganz anders als die des Hundes. Unterbewusst spielen Gerüche für uns zwar ebenfalls eine Rolle. Konkrete Hinweise auf Stimmung und Charakter unseres Gesprächspartners erhalten wir aus dessen Duft jedoch nicht. Das einzige, was wir unserem Welpen daher anbieten können, ist eine klare, respektvolle und freundliche Art der Kommunikation, der Wille, seine Sprache zu lernen und zu verstehen, und ihm möglichst viel Kontakt zu gut sozialisierten, erwachsenen Hunden zu bieten, am besten in der eigenen Familie.

Kinder gehen oft aus dem Bauch heraus richtig mit Welpen um. Sie machen sich klein und reden mit hoher Stimme.

Die Nase *als* Tor *zur* Welt

Riechen, hören, sehen – in dieser Reihenfolge tritt der Hund mit seiner Umwelt in Kontakt. Nase, Ohren, Augen, diese Abfolge prägt die Wahrnehmung des Hundes ein Leben lang. Der Geruch liefert dem Hund die entscheidenden Informationen, auch bei der Kommunikation. Er verrät ihm, wer sein Gegenüber ist. Wie dieser Jemand aussieht oder was er sagt, ist für Hunde Nebensache.

Verglichen mit der Flut an visuellen Eindrücken, die täglich auf uns einströmen, spielen Gerüche in unserem bewussten Denken nur eine untergeordnete Rolle. Wenn wir ein Zimmer betreten, nehmen wir Farben, Umrisse, Oberflächen, Licht und Schatten wahr. Gerüche hingegen dringen erst in unser Bewusstsein, wenn sie besonders gut oder besonders abstoßend sind. Wollen wir Menschen ein Ding genau erkunden, betrachten wir es zuerst von allen Seiten. Erst wenn uns das Angucken keinerlei Aufschluss über das unbekannte Objekt gibt, nehmen wir es in die Hand und befühlen es. Vielleicht riechen wir auch mal daran oder strecken sogar unsere Zunge aus, um daran zu lecken. Bei Hunden ist diese Reihenfolge eigentlich genau anders herum. Sie strecken erst einmal ihre Nase vor und riechen. Und dabei nehmen sie ganz andere Dinge wahr als Formen, Farben und Funktionen.

Hunde sind Nasentiere, die Welt erschließt sich ihnen über den Geruch.

So wie für uns Augen und Hände das Tor zur Welt sind, erschließt sich dem Hund die Welt durch die Nase. Und seine Geruchswelt ist mindestens ebenso facettenreich wie unsere Welt der Bilder. Die Geruchsempfindlichkeit des Hundes ist je nach Stoff bis zu 10.000.000-mal höher als beim Menschen.

DER DUFT LIEGT IN DER LUFT

Riecht ein Hund an einer benutzten Tasse, weiß er nicht nur, welches Getränk sie enthalten hat, ob es gesüßt war oder nicht, er weiß auch, wer diese Tasse zuvor in der Hand gehabt hat, wie lange das her ist, ob es ein Mann war oder eine Frau, und wahrscheinlich weiß er auch, wie sich dieser Mensch gefühlt hat, während er aus besagter Tasse trank: Ob er glücklich war, gestresst oder krank.

Dazu braucht es nicht mal viele Duftmoleküle, ein Fingerabdruck reicht. Denn wenn wir einen Gegenstand berühren, hinterlassen wir etwas von uns darauf: Abrieb von unserer Haut mitsamt ihren Bakterien, die sich unter anderem von Hautschuppen und Schweiß ernähren. Etwa zwei Wochen bleiben diese Hautbakterien unverändert an Gegenständen haften. Das ist unsere Duftsignatur, sozusagen ein bakterieller Fingerabdruck.

Aber es kommt noch besser: Wir müssen Dinge nicht einmal berühren, damit Hunde uns riechen können. Denn während wir gehen, stehen und laufen, verlieren wir einen Cocktail bestehend aus Hautschuppen, Schleimtröpfchen, Körperzellen, Ausatemluft, Schweiß und Haaren. Den Schweiß können Hunde besonders gut riechen, denn er enthält sogenannte flüchtige Fettsäuren, wie Ameisen-, Essig- oder Buttersäure. Außerdem liegt er bei jedem Menschen in einer ganz persönlichen Mischung vor, die je nach Stimmungslage des Menschen auch noch in sich variieren kann. Dieses Aroma aus Informationen über uns liegt selbst dann noch in der Luft, wenn wir schon lange nicht mehr in der Nähe sind.

So können Suchhunde, sogenannte Mantrailer, den Duft, den eine Person hinterlassen hat, noch Tage später verfolgen, sowohl draußen in der Natur als auch in der Stadt. Dabei ist es egal, ob die betreffende Person selbst gegangen ist, also ihre Fußabdrücke auf dem Boden hinterlassen hat, mit dem Fahrrad unterwegs war oder getragen wurde. Wie das geht? Hunde können die Spur eines einzelnen Menschen oder eines Tieres selbst dann noch verfolgen, wenn andere Tiere oder Menschen kreuz und quer darübergelaufen sind, oder sogar wenn eine ganze Herde derselben Art sie gekreuzt hat. Wir Menschen können zwar einen bestimmten Geruch wahrnehmen, verlieren aber im Gegensatz zum Hund sofort den Kontakt, wenn er von einem anderen, stärkeren Geruch überdeckt wird.

Außerdem können Hunde auch die Laufrichtung bestimmen. Denn die Frische eines Duftes wie des Individualgeruchs nimmt mit der Richtung zu, in die eine Person gegangen ist. Und diese Fähigkeit, die Bewegungsrichtung eines Geruchs zu bestimmen, kann bislang kein technisches Gerät der Welt leisten. Bislang – denn in Amerika wird versucht, ein Gerät mit den Qualitäten einer Hundenase zu entwickeln. Ob das klappt?

Ein Objekt, das die Neugierde weckt, wird zuerst von allen Seiten beschnuppert.

Beim Auffinden von Minen, Sprengstoff, Drogen oder Menschen sind Suchhunde unschlagbar. Sie haben gelernt, ihre Fähigkeiten in den Dienst des Menschen zu stellen.

Ein Hauch von Vergangenheit und eine Prise Zukunft

Etwas, das nicht im Raum ist, können wir Menschen nicht wahrnehmen. Ganz anders der Hund. Ein Mensch, der schon vor Stunden den Raum verlassen hat, ist für ihn noch tagelang riechbar, in seiner Gegenwart also immer noch präsent. Aufgrund ihrer Lebensdauer geben Gerüche Aufschluss über Zeit: Je intensiver der Duft, desto »jünger« ist er. Sind Gerüche schwächer oder überdeckt, stehen sie für Vergangenes. Gerüche künden auch die Zukunft an. Denn das, was wir noch gar nicht sehen, weht dem Hund als Duft bereits in die Nase.

Das bedeutet: Das »Fenster«, durch das der Hund die Gegenwart geruchlich wahrnimmt, ist größer als unser visuelles. Er »sieht« nicht nur das, was gerade geschieht, sondern auch ein bisschen vom soeben Geschehenen und von dem, was gleich geschehen wird – einen Hauch von Vergangenheit und eine Prise Zukunft. Das bedeutet, Menschen und Hunde »sehen« das Jetzt anders. Dadurch ergeben sich bei der Erziehung viele Missverständnisse, die wir oft als Fehlverknüpfungen wahrnehmen. Wenn sich Hunde schwer tun, etwas von uns zu lernen, dann liegt das oft daran, dass wir sie nicht richtig verstehen, weil wir die Gegenwart unterschiedlich erleben.

WUNDERWERK NASE

Anatomisch gesehen ist die Hundenase ähnlich aufgebaut wie die des Menschen. Beide verfügen über eine durch die Nasenscheidewand in zwei Hälften geteilte Nasenhöhle. Sie ist zum Teil ausgekleidet mit dem sogenannten Riechepithel, einer dünnen Schleimhaut, die bei uns Menschen etwa 25 Quadratzentimeter misst. Bei einem großen Hund mit langer Nase können es bis zu 250 Quadratzentimeter sein! Das liegt daran, dass bei ihm der Bereich mit der Riechschleimhaut in viele Falten gelegt ist, wodurch sich die Oberfläche enorm vergrößert. In diese Schleimhaut eingebettet liegen die Riechzellen. Das sind Sinneszellen, die über den Riechnerv mit dem Gehirn verbunden sind. Riechzellen wachsen kontinuierlich und haben einen Lebenszyklus von ein bis zwei Monaten. Sie sind die einzigen

Nervenzellen, die sich lebenslang immer wieder erneuern. Mit den 10 bis 20 Millionen Riechzellen, die wir Menschen haben, wirken wir im Vergleich zu den 100 bis 300 Millionen Riechzellen der Hunde ziemlich schlecht ausgestattet. Wissenschaftlich ausgedrückt sind wir Menschen Mikrosmaten (Wenigriecher), Hunde dagegen Makrosmaten (Vielriecher).

Das liegt aber nicht nur an der unterschiedlich großen Riechschleimhaut und der Anzahl der Riechzellen. Eine ebenso wichtige Rolle spielt das Gehirn. Hier werden die eintreffenden Daten verarbeitet und ausgewertet. Das Gehirn eines Menschen hat etwa die zehnfache Größe eines Hundegehirns. Trotzdem ist das Riechhirn eines Hundes absolut größer als das des Menschen. Während unser Riechhirn etwa 500 Quadratmillimeter misst, stehen einem großen Hund etwa 7000 Quadratmillimeter zur Verfügung. Beim Hund

INFO

Einen Hund kann man nicht belügen

Hunde können riechen, wie wir uns fühlen, und stellen sich in ihrem Verhalten entsprechend darauf ein. Wenn wir einen Hund loben, sollten wir das daher immer von ganzem Herzen tun und auch wirklich ehrlich meinen. Halbherziges Tätscheln und gekünstelte Freude können den Hund nicht über unsere wahren Gefühle hinwegtäuschen. Selbst wenn wir Stimme und Körpersprache perfekt verstellen würden, unseren Körpergeruch können wir nicht verändern, und der Hund nimmt diesen Widerspruch wahr. Respekt und Vertrauen schenkt uns der Hund aber nur, wenn wir authentisch sind, wenn also Fühlen, Denken und Handeln übereinstimmen – oder aus der Perspektive des Hundes gesprochen, wenn unser Geruch zu unserer Körpersprache und zu unserem Verhalten passt.

Geruch verhält sich ganz anders als feste Materie. Er tanzt in der Luft, bewegt sich, wabert und flimmert. Er liegt in Schichten übereinander und ist nie plötzlich weg. Gerüche haben eine Lebensdauer. Je intensiver der Duft, desto niedriger sein Alter.

dient also ein viel größerer Anteil seines Gehirns, nämlich zehn Prozent, der Funktion Riechen, bei uns nur ein Prozent.

Über die Nase die Umwelt »sehen«

Im Lauf der Evolution hat sich die Hundenase zu einem Instrument der Dufterkennung entwickelt, das elektronischen Instrumenten weit überlegen ist. Hunde kennen Düfte, die uns Menschen immer verborgen bleiben werden. Sie nehmen Gerüche aktiver auf als wir. Sie warten nicht ab, bis sie zufällig einen Duft in die Nase bekommen, sondern gehen zielstrebig auf ihn zu. Zusätzlich kann der Hund

die Herkunft eines bestimmten Geruchs über die Luftströme genau orten, denn er ist aufgrund seiner beweglichen Nase in der Lage zu erkennen, ob ein Geruch eher von links oder von rechts kommt. Beim Schnuppern unterbricht der Hund seine normale Atmung, bei der die Luft durch die Nase in die Lungen fließt. Beim »Schnüffeln« hingegen verbleibt die Atemluft längere Zeit in den Nasenkammern. Dabei intensiviert der Hund die Atmung – er kann bis zu 300-mal pro Minute atmen –, wodurch er maximale Duftinformationen aufnimmt. Hundenasen haben noch einen weiteren Vorteil: Sie sind immer feucht. Im klebrigen Schleim der Nasenhöhlen werden die Duftmoleküle aus der Luft gesammelt und gelöst. Feine Flimmerhärchen im Inneren der Nase schieben die Duftmoleküle weiter zu den Riechzellen. Von diesem Schleim produziert ein mittelgroßer Hund täglich etwa einen halben Liter – daher sollte er immer genug Trinkwasser zur Verfügung haben.

Düfte bestehen aus vielen unterschiedlichen Komponenten. Was als unverwechselbarer Duft wahrgenommen wird, ist in der Regel ein Gemenge aus Hunderten oder Tausenden von unterschiedlichen Bestandteilen. Die Fähigkeit von Hunden, eine Mischung von Gerüchen in einzelne, identifizierbare Düfte zu zerlegen, gleicht in etwa dem Auflösungsvermögen unserer

Sammy und ich

Sein Hals wird immer länger und bildet fast eine Linie mit der Nase. Nur der schwarze Nasenspiegel zuckt. Konzentriert starrt Sammy auf eine Stelle im Grün am Wegesrand. Dann pirscht er vorsichtig nach vorn und schiebt seine Nase unter ein Büschel mit fleischigen Blättern. Er leckt daran, schmatzt, scheint den Geruch über die Zunge schmecken zu wollen. Dabei tänzelt er von rechts nach links und untersucht den Duft von allen Seiten. Als er schließlich sein Bein hebt und markiert, weiß ich, dass hier ein Hund eine Botschaft hinterließ und Sammy ihm auf Hundeart geantwortet hat.

Augen. Wenn wir zum Beispiel in eine Küche kommen, wo gerade Tomatensauce gekocht wird, erkennen wir am Geruch, um welches Gericht es sich handelt, während ein Hund uns die einzelnen Zutaten des Rezeptes aufsagen könnte.

Gerüche »schmecken«

Im Prinzip hat ein Hund zwei Möglichkeiten zu riechen: erstens über das oben beschriebene Riechfeld im Inneren der Nasenhöhle und zweitens über das sogenannte Vomeronasalorgan am Gaumendach, auch Mund-Riech-Organ oder Jacobson'sches Organ genannt. Zwar besitzen auch wir Menschen ein Vomeronasalorgan, allerdings nur in verkümmerter Form. Beim Hund ist es für das Erkennen von Pheromonen *(siehe Seite 58)* zuständig. Es analysiert speziell diejenigen Gerüche, die Informationen über Geschlecht, Fortpflanzungsstatus und Rangstellung von Artgenossen liefern. Das Vomeronasalorgan ist sozusagen auf die Sozialdüfte spezialisiert. Alle anderen Düfte, also die ohne soziale Relevanz, werden vom Riechfeld am Nasengrund wahrgenommen. Die Eindrücke, die der Hund über das Jacobson'sche Organ gewinnt, werden direkt an das limbische System weitergeleitet, den Teil des Gehirns, der für Gefühle zuständig ist. Dort werden Gerüche und die damit empfundenen Gefühle kombiniert abgespeichert.

Hat ein Hund zum Beispiel bestimmte Pheromone als beglückend erlebt, wird er immer wieder versuchen, an diesen Duftmarken zu riechen. Dann wirkt allein der Geruch als Reizauslöser und ist bereits selbstbelohnend.

Hier haben Artgenossen interessante Botschaften hinterlassen. Das Schnüffeln ist für den Hund, als ob wir die neuesten Nachrichten aus der Tagespresse erfahren.

Duftgesteuertes Verhalten

Nicht nur äußerlich wird das Gesicht des Hundes von der Nase dominiert. Viele Triebe werden beim Hund über den Geruch angesprochen, etwa der Sexual- und der Beutetrieb. Lange bevor wir etwas gesehen oder gehört haben, entfacht der Duft einer läufigen Hündin oder eines Rehs den Instinkt unseres Vierbeiners und er stürmt davon, während wir überrascht, weil geruchsblind zurückbleiben. Wer mit seinem Hund in den Wald geht, sollte daher vorher seine Hausaufgaben gemacht und die Körpersprache seines Hundes kennen, das heißt, wie er aussieht, wenn er Interessantes in der Nase hat. Nur dann können Sie ihn vielleicht noch rechtzeitig unterbrechen und abrufen.

Doch die Realität sieht anders aus. Die meisten Hundebesitzer gehen viel zu früh und viel zu oft im Wald spazieren. Dabei gibt es kaum einen Reiz, der den Hund instinktiver anspricht als der Geruch von Reh, Hase und Kaninchen. Die Beziehungswaage aus Respekt und Interesse müsse gut ausgependelt sein, um den Hund zum Stillstand zu bringen, wenn diesen das Jagdfieber packt, meint Trainerin Tanja Schweda. Was es schwierig macht: Der Hund nimmt den Geruch von Wildspuren wahr, wir nicht. Er wird nur über die Körpersprache des Hundes für uns sichtbar. Und dann ist es oft zu spät.

Ich
sehe was,
was du *nicht siehst!*

**Das Auge ist – vor dem Ohr – das zweitwichtigste Sinnesorgan des Hundes.
Zwar besitzt das Auge eines Hundes deutlich weniger Sehnerven als das des
Menschen, aber in zwei Bereichen ist es dem menschlichen Auge überlegen: im
Wahrnehmen von Bewegungen und im Sehen bei Dämmerlicht.**

Hunde sehen die Umwelt anders als wir Menschen. Ihr Auge ist zwar ähnlich aufgebaut, doch sind andere Parameter wichtig. Als Nachfahren des Beutegreifers Wolf sind Hunde auf die Jagd im Dämmerlicht spezialisiert. Wegen der fehlenden Sonneneinstrahlung hat das Licht jetzt einen hohen Blauanteil, was dem Hundeauge sehr entgegenkommt *(siehe Seite 38)*.

DAS GESICHTSFELD DES HUNDES

Vergleicht man einen Hundekopf mit unserem Gesicht, erkennt man sofort einen großen Unterschied: Die Augen der Hunde sitzen eher seitlich am Kopf, damit haben sie einen hervorragenden Rundumblick von ca. 240°, was ihnen bei der Jagd dienlich ist. Dank ihres großen Gesichtsfeldes erkennen sie auch Bewegungen seitlich oder schräg hinter ihnen. Und sie

Windhunde wurden in den Steppen und Wüsten Asiens und Afrikas gezüchtet, um schnelle Beute auf Sicht zu hetzen.

müssen dazu noch nicht einmal den Kopf drehen. Unser Gesichtsfeld beträgt nur 180 bis 200°, weil beide Augen nach vorn schauen. Dafür ist bei uns der Bereich, den wir mit beiden Augen gleichzeitig erfassen, mit ca. 120° größer als beim Hund. Zum Vergleich: Sein Überschneidungsbereich, also das Feld, in dem die Bilder beider Augen zu einem einzigen Bild verschmelzen, beträgt nur 60°. In diesem sogenannten binokularen Bereich sehen Hunde und wir räumlich. Dies ist für die Tiefenwahrnehmung wichtig. Es erleichtert uns zum Beispiel, nicht danebenzufassen, wenn wir nach etwas greifen. Dafür können Hunde Entfernungen nur schlecht abschätzen. Auch das hängt mit dem Überschneidungsgrad der einzelnen Gesichtsfelder zusammen. Ihnen fehlt einfach die dazu nötige Tiefenschärfe. Hierfür gibt es einen einfachen Test: Setzen Sie Ihren Hund beim Spaziergang am Weg ab und gehen Sie etwa 50 Meter weiter, biegen Sie dann drei Meter seitlich ab und verstecken Sie ein Spielzeug. Gehen Sie anschließend zurück zum Hund und lassen ihn suchen. Wundern Sie sich nicht:

Die meisten Hunde biegen schon viel früher ab, weil sie die Entfernung schlecht einschätzen können.

Die Nase macht den Unterschied

Durch Zucht gibt es kurzschnäuzige Hunderassen wie Mops, Boxer, Boston Terrier oder Bulldogge mit Augen, die nach vorn sehen. Das macht ihren Blick auf die Welt menschenähnlicher. Sie sehen wie wir direkt vor ihrem Gesicht besonders scharf, während ein langnasiger Hund

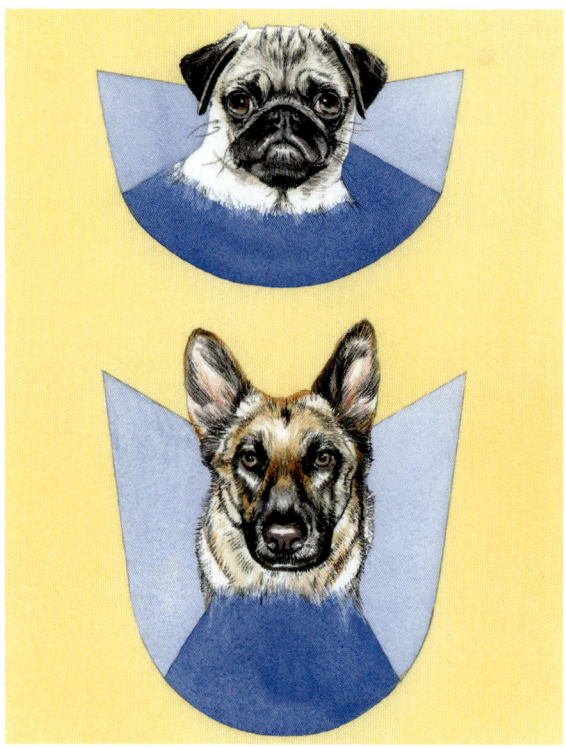

Die meisten Hunde haben ein Gesichtsfeld von etwa 240°, können also auch Bewegungen erkennen, die seitlich oder sogar schräg hinter ihnen liegen.

einen Gegenstand, der sich nur wenige Zentimeter vor seinem Kopf befindet, häufig übersieht. Man könnte also sagen, je länger die Hundenase, desto besser ist die Panoramasicht des Hundes.

Die einzelnen Rassen unterscheiden sich auch in der Netzhaut. Noch ein Grund, weshalb ein kurzschnäuziger Hund die Welt anders sieht als ein langschnäuziger. Wissenschaftler fanden heraus, dass kurzschnäuzige Hunde dreimal so viele Nervenenden auf ihrer Netzhaut haben wie langschnäuzige mit seitlich stehenden Augen. Das ermöglicht Boxer & Co. ein besseres räumliches Sehen mit mehr Tiefenschärfe. Dieser kleine aber entscheidende Unterschied erklärt einige rassetypische Verhaltensweisen. Forscher vermuten beispielsweise einen Zusammenhang zwischen der jagdlichen Veranlagung verschiedener Hunderassen und der Art ihres Sehvermögens. Hunde, deren Augen vorn am Kopf sitzen, können seitliche Bewegungen nur eingeschränkt wahrnehmen, mit der Folge, dass sie weniger auf Bewegung reagieren.

WIE HUNDE IHRE WELT SEHEN

Wie bereits erwähnt, ähnelt das Hundeauge im Bau unserem Auge. Das Licht fällt durch Pupille und Linse auf die Netzhaut. Dort befinden sich die für das Sehen wichtigen Fotorezeptoren, die Stäbchen und Zapfen. Letztere sind für das Farbensehen verantwortlich *(siehe Seite 39)*, Erstere für das Hell-Dunkel-Sehen *(siehe Seite 38)* und für das Erkennen von Bewegung. Hunde haben viel mehr Stäbchen als wir. Deshalb sehen sie bei schlechten

Hunde sehen auf größere Entfernung nicht klar. Wollen Sie ihn zu sich locken, nutzt es wenig, stehen zu bleiben und zu rufen. Bewegen Sie sich dabei, gehen Sie zum Beispiel in die Hocke und breiten die Arme aus, dann erkennt er Sie und wird kommen.

Lichtverhältnissen besser. Dafür ist ihre Sehschärfe nicht so gut. Der Mensch sieht etwa sechsmal schärfer.

Hunde sind Bewegungsseher

Ein Hund erkennt seinen 100 Meter weit weg stehenden Besitzer oft nicht, wenn sich dieser völlig still verhält. Bewegt er sich dagegen, kann der Hund seinen Menschen noch auf einen Kilometer Entfernung von anderen Zweibeinern unterscheiden – anhand des typischen Bewegungsmusters. Ihre Wahrnehmung ist eben auf bewegte Objekte fokussiert, und deshalb scannen Hunde beim Gassigehen den

Horizont förmlich nach »Beute« ab. So überrascht es nicht, dass der Hund einen Haken schlagenden Feldhasen erspäht, selbst wenn dieser 500 Meter entfernt ist. Die Tatsache, dass Hunde so stark auf Bewegungen fixiert sind, legt es nahe, im Umgang mit ihnen viel mit körperlichen Signalen wie mit Handzeichen zu arbeiten. Sie können sich diese natürliche Veranlagung des Hundes im Training zunutze machen: Wenn Sie in die Hocke gehen und die Arme ausbreiten, kommt das einem Hund weit mehr entgegen als wenn Sie nur regungslos dastehen und rufen. Auch einen Richtungswechsel verstehen Hunde als Aufforderung heranzukommen.

INFO

Was sieht der Hund im Fernsehen?

Auf keinen Fall dasselbe Bild wie wir. Für die meisten Hunde ist Fernsehen langweilig bis unangenehm. Im Vergleich zum Menschen sieht der Hund erstens circa sechsmal weniger scharf, dann fehlen ihm die roten Bereiche des Farbspektrums. Zudem wird bei herkömmlichen Fernsehgeräten das Bild 50-mal pro Sekunde neu aufgebaut, die Bildwiederholfrequenz beträgt also 50 Hertz. Für Hunde ist das zu langsam, wodurch das Fernsehbild für ihr Auge flimmert. Statt eines kontinuierlichen Ablaufs sehen sie eine Abfolge von Standbildern mit dunklen Intervallen dazwischen. Erst bei der neuen 100-Hz-Technik haben auch unsere Hunde ein flimmerfreies Bild vor Augen. Die völlige Umstellung auf digitales Fernsehen wird das Problem der Flimmerverschmelzungsfrequenz zwar beseitigen und Fernsehen für Hunde lebensechter machen. Trotzdem werden Hunde der Fernsehwelt weiterhin ambivalent gegenüberstehen. Fernsehen erscheint ihnen nicht real.

Meisterauge im Dunkeln

Unsere Augen sind etwa so groß wie Hundeaugen. Obwohl die Kopfgrößen der verschiedenen Hunderassen enorm variieren, sind die Augen eines Pekinesen fast ebenso groß wie die eines Rottweilers. Hundeaugen können mehr Licht einfangen als Menschenaugen und deshalb können Hunde bei Dunkelheit immer noch relativ gut sehen. Das fällt vor allem dann auf, wenn die Tiere nachts in hohem Tempo durch den Wald rennen. Mitglieder einer Rettungshundestaffel, die regelmäßig große Wälder absuchen, berichten, dass die Hunde nachts ebenso schnell laufen wie tagsüber. Und niemand hat je einen Hund gegen einen Baum rennen sehen.
Die Netzhaut des Hundes ist auf der Augeninnenseite mit einer Spiegelfläche ausgestattet, dem *Tapetum lucidum* (leuchtender Teppich). Diese Schicht ist grünlich gelb gefärbt. Das entspricht genau jener Farbe, die bei Nacht sichtbar wird, wenn Licht auf das Auge fällt. Außerdem lässt das *Tapetum lucidum* auf Fotos die Augen des Hundes als zwei leuchtende Kugeln erscheinen. Sie wirkt wie eine Art Restlichtverstärker, erhöht also in der Dämmerung die Lichtausbeute. Da sie hinter den lichtempfindlichen Strukturen liegt, reizt das einfallende Licht die Rezeptoren, wird am *Tapetum* reflektiert und reizt die gleichen Rezeptoren noch einmal. Auf diese Weise wird das einfallende Licht doppelt genutzt. Diese zusätzliche reflektierende Zellschicht ermöglicht es dem Auge, alles verfügbare Licht zu absorbieren. Allerdings geht die hohe Lichtempfindlichkeit auf Kosten der Sehschärfe: Details, wie etwa Gesichter, sieht der Hund eher verschwommen.

Können Hunde Farben sehen?

Hunde sind nicht farbenblind, wie man früher immer dachte. Das Farbensehen ist für ihr Leben aber von weit geringerer Bedeutung als für uns Menschen. Ob das rosa Halsband zur braunen Leine passt, juckt Bello überhaupt nicht.

Die Farbwahrnehmung von Hunden wurde durch verschiedene Experimente erforscht. Eine wissenschaftliche Studie kommt zu dem Ergebnis, dass Hunde Farben ähnlich sehen wie ein Mensch, der rotgrünblind ist. Rot warnt uns normalerweise vor Gefahren, ein Blindenführhund aber erkennt das Ampellicht nicht als Rot, deshalb hat es keine Signalwirkung für ihn.

Im Hundeauge gibt es zwei Zapfentypen. Einer ist empfindlich für Blau-Violett, der andere für Gelb. Zum Vergleich: Unser Sehapparat ist an das Erkennen von Farben angepasst, deshalb haben wir drei Zapfentypen für Blau, Grün und Rot und können damit ca. 200 Farbtöne unterscheiden. Hunde und ihre wilden Verwandten sehen also im Wesentlichen den Spektralbereich von Gelb über Grün und Blau, wobei ihnen Objekte farblos erscheinen, die für uns Menschen grün sind, und Dinge, die wir rot sehen, wirken auf Hunde wahrscheinlich gelb. Orangefarbene, rote und gelbe Objekte sehen für Hunde vermutlich nicht vollkommen gleich aus, weil die Farben unterschiedliche Helligkeitsgrade haben. Wenn sie Rot und Gelb unterscheiden können, dann

Das begrenzte Farbensehen können Sie beim Dummy-Training nutzen: Blau sieht er, Orange findet er nur über den Geruch.

wegen der unterschiedlichen Lichtmenge, die diese Farben reflektieren.

Tipps fürs Dummy-Training: Wer weiß, wie Hunde Farben sehen, kann sich dies für das Dummy-Training zunutze machen. Ein blaues Dummy kann der Hund in der grünen Wiese gut erkennen. Soll er aber hauptsächlich mit der Nase suchen, ist ein orangefarbener Gegenstand die bessere Wahl, weil er sich für den Hund vom Grün der Wiese kaum unterscheidet.

Fazit: Insgesamt hat das Sehen für den Hund keine so große Bedeutung wie für den Menschen. Insbesondere Farben spielen keine wichtige Rolle im Leben der Hunde. Dafür nehmen sie Bewegungsreize sehr gut wahr, sind sie doch als Nachfahren eines Jägers auf fliehende Beutetiere »programmiert«.

Talent
verhindert
Anpassung

MICHAEL GREWE IST HUNDETRAI-NER UND VERHALTENSBERATER

■ Mitbegründer und Inhaber von CANIS, Zentrum für Kinologie

Welchen Einfluss auf das Leben des Hundes haben die ersten zwölf bis sechzehn Wochen?

Wenn gewisse Entwicklungsphasen abgeschlossen sind und bestimmte Grundlagen nicht gelegt wurden, lässt sich das später nicht mehr nachholen. Wer sich also für einen griechischen Straßenhund entscheidet, der ohne sozialen Bezug zum Menschen aufgewachsen ist, bekommt wahrscheinlich ein Problem, wenn er mit diesem Hund ein Kaufhaus besuchen will.

Kann man die Entwicklung des Welpen durch Frühförderung verbessern?

Man weiß heute, dass Welpen für eine optimale Entwicklung unterschiedliche Reize brauchen. Daraus entstand der Trend, dem Hund in den ersten Monaten möglichst viele unterschiedliche Eindrücke zu bieten. Aber es fehlt die Ruhe, das alles auch zu verarbeiten, reifen zu lassen. Reifung hat etwas mit Ruhe zu tun. Auf Reifung haben Erziehung und Förderung wenig Einfluss, vielmehr sind genetische Faktoren ausschlaggebend. Bestimmte Verschaltungen im Gehirn müssen erst stattgefunden haben, bevor ein Reiz entsprechend verarbeitet werden kann. Muße und Gelassenheit sind daher eher gefragt als: »Ich will, dass er möglichst früh …«

Wann ist der beste Zeitpunkt für die Abgabe des Welpen?

Je quirliger und aggressiver die Rasse ist, desto früher sollte der Abgabetermin sein. Hunde wie Terrier und Malinois gehen teilweise schon mit sechs oder sieben Wochen hart aufeinander los. Das schafft zwei bis drei Wochen falsche Lernerfahrungen, die man sich ersparen kann. Große, langsam reifende Hunde dagegen tun gut daran, länger als acht Wochen mit ihren Geschwistern zusammen zu sein. Das Gehirn hat so mehr Zeit, sich sozial zu vernetzen. Die Welpen haben die Chance, durch das gemeinsame Spiel ihre Motorik und ihre Koordination zu verbessern.

Sind alle Hündinnen von Natur aus gute Mütter?

Nein, das ist ein Irrglaube. Es gibt Antriebe, die mit Sicherung und Versorgung zu tun haben, aber nicht mit Erziehung im Sinne von menschlichem Wohlverhalten in Bezug auf Richtig und Falsch.

Aber wenn der Hundemutter was auf die Nerven geht, korrigiert sie doch.

Das ist der entscheidende Punkt: Sie handelt, wenn ihr etwas auf die Nerven geht, also aus einem egoistischen Motiv heraus, nicht aufgrund eines Ordnungsgedankens. Sie versorgt und beschützt, aber setzt auch Grenzen, wenn die Welpen griffig werden. Das sind eher egoistische oder stimmungsbezogene Motive, aber die Welpen lernen dadurch trotzdem gewisse Dinge zu lassen oder vorsichtiger zu sein.

Inwiefern prägt die Sinneswahrnehmung das Verhalten des Hundes?

Hunde, die auf das Annehmen von Bewegungsreizen gezüchtet sind, werden die Umwelt auch mehr optisch wahrnehmen. Sicher kann ein Dobermann auch gut riechen, aber man wird ihn trotzdem weniger mit der Nase am Boden sehen als einen Beagle. Hunde wie Podencos, die sich an leisen, hellen Geräuschen orientieren sollen, wird man sehr häufig beim Spiel mit den Ohren und beim Ausrichten des Körpers auf irgendetwas Akustisches sehen. Durch diesen Fokus auf bestimmte Reize sind Rassen, die sehr spezialisiert sind, allerdings auch sehr gefährdet.

Was meinen Sie mit »gefährdet«?

Der Spezialist kann Reize, auf die er gezüchtet wurde, schneller verarbeiten und belohnt sich selbst durch talentorientiertes Arbeiten. Hütehunde wie Border Collies bekommen einen Kick, wenn sie auf einen Bewegungsreiz hin hetzen dürfen. Für einen Beagle oder Schweißhund ist das Verfolgen einer Spur ein selbstbelohnender Akt. Der Hund wird also primär seinen Talenten nachgehen, um diese Glücksgefühle zu erfahren. Das nimmt ihm aber die Möglichkeit, andere Erfahrungen zu machen und vor allem soziale Reize wahrzunehmen. Ein Beagle, der vom Welpenalter an in der Natur sich selbst überlassen wurde, wird an Menschen oder Hunden vorbeisuchen, ohne diese wahrzunehmen. Das ist nicht per se negativ, wenn man den Hund so haben will. Als Familienhund ist er jedoch häufig ein Problemkandidat, der nicht kommt, wenn man ruft, weil er keinen Platz in seinem Kopf hat, diesen Ruf wahrzunehmen.

Inwiefern spielt die Spezialisierung bei der Erziehung eine Rolle?

Wenn Talent viel Raum einnimmt, hat der Hund diesen Raum nicht zur Anpassung. Mein Rat: Das jeweilige Talent des Hundes gefühlvoll drosseln – es geht dadurch ja nicht verloren. Der junge Hund sollte in der Lernphase auch Reize außerhalb seiner Begabung wahrnehmen. Er sollte lernen, sich für ein anderes Verhalten entscheiden zu können und nicht zwangsläufig seinem Talent folgen zu müssen. Mit einem Beagle sollte man also viel spazieren gehen und ihn gleichzeitig davon abhalten, sich zu verselbstständigen und abzuschalten. Wenn die Gewöhnung an Umweltreize einigermaßen gut abgeschlossen ist – also nach dem ersten dreiviertel Jahr –, können Hunde immer noch ihrem Talent entsprechend arbeiten. Aber sie sind dann viel kontrollierbarer.

Ohren,
die nahezu *alles hören*

Wollte man die höchsten Töne, die Hunde hören können, auf dem Klavier spielen, müsste man die Tastatur rechts um mindestens 48 Tasten erweitern. Unsere Vierbeiner orten selbst kleinste Beutetiere wie Mäuse oder Ratten akustisch. Dies ist ein Erbe aus der Urzeit, denn der Wolf ist auf sein ausgezeichnetes Gehör angewiesen, um erfolgreich jagen zu können.

Es hat den Anschein, als ob alle Hunde, egal welcher Größe oder Rasse, gleich gut hören. Die Form der Ohren scheint ebenfalls kaum einen Einfluss auf das Hörvermögen zu haben. Hänge- und Stehohren schnitten bei Tests in etwa gleich gut ab. Trotz ihres guten Hörvermögens kommen auch taube Hunde gut zurecht. Das liegt daran, dass Hunde im Wesentlichen geräuschlos kommunizieren. Sie beobachten eingehend Körpersprache, Mimik und Augen ihres Gegenübers. Auch die Haltung der Ohren wird eingesetzt, um den Gesichtsausdruck als Bestandteil der Kommunikation zu verändern.

WIE GUT HÖRT DER HUND?

Im Vergleich zum Menschen hören Hunde etwa viermal besser. Sie nehmen, auch

Den aufmerksam aufgestellten Lauschern dieses Podencos entgeht nichts. Gleichzeitig signalisiert er damit Interesse.

wenn sie in einem anderen Zimmer schlafen, wahr, wenn beim Kochen etwas vom Schneidebrett fällt. Und selbst wenn sie im Garten herumtollen, hören sie, wenn jemand die Türklinke herunterdrückt und das Haus betritt.

Hunde hören vor allem deshalb besser als Menschen, weil ihre Ohren größer sind. Die Wölbung des Ohrs ermöglicht es, alle erreichbaren Schallwellen aufzufangen und zum Trommelfell weiterzuleiten. Zudem sind Hundeohren bewegliche Antennen. 17 verschiedene Muskeln erlauben ihnen, die Ohren aufzustellen, hängen zu lassen, anzulegen oder seitwärts zu drehen (bis zu 180°). Da sich beide Ohren unabhängig voneinander bewegen lassen, können Geräusche aus unterschiedlichen Richtungen lokalisiert werden. Dadurch entsteht ein dreidimensionales Hörbild. Entgegen der weitläufigen Meinung sind Hunde nicht geräuschempfindlicher als wir, aber sie sind in der Lage, tiefere und höhere Töne wahrzunehmen. Hunde hören Frequenzen zwischen 15 und 65.000 Hertz, neuen Studien zufolge sollen manche Rassen sogar Töne bis 100.000 Hertz wahrnehmen können. Damit sind sie in der Lage, Ultraschalltöne zu hören, etwa die Peillaute fliegender Fledermäuse. Der Mensch kann dagegen nur Töne im Bereich von 20 bis 20.000 Hertz hören. Grundsätzlich ist es so, dass sich der Schall von der Geräuschquelle wellenförmig in alle Richtungen ausbreitet. Diese Schwingungen, die Frequenzen, sind für die Tonhöhe verantwortlich. Das heißt, je mehr Schwingungen pro Zeiteinheit, desto höher ist der Ton. Die Schwingungen werden pro Sekunde in der Maßeinheit Hertz (Hz) gemessen.

Die maximale Empfindlichkeit des Hundeohrs liegt bei 8000 Hz (die des Menschen zwischen 2000 und 4000 Hz). Mit dieser 8000-Hz-Frequenz arbeiten die meisten Hundepfeifen. Es gibt auch welche, deren Frequenz über 10.000 Hz liegt. Diese Pfeifen sind für sehr weite Entfernungen gedacht, zum Beispiel bei der Jagd, wenn zwischen Hund und Hundeführer sehr große Distanzen zu überbrücken sind.

Tonhöhe – wichtig für die Kommunikation

Wenn Sie mit Ihrem Hund kommunizieren, bringt es also nicht viel, besonders laut zu sprechen. Wirkungsvoller kann es sein zu flüstern, weil er dann neugierig herankommt. Bessere Chancen, von Ihrem Vierbeiner erhört zu werden, haben Sie, wenn Sie mit hoher Stimme sprechen. Hohe Töne machen Hunde aufmerksam und aufgeregt, tiefe eher angespannt und unterwürfig. Aus diesem Grund geraten Hunde beim Spielen mit Quietschspielzeugen so leicht außer Rand und Band und laufen Gefahr, die Selbstkontrolle zu verlieren. Tiefe Töne erinnern sie vermutlich an das Knurren und Brummen

INFO

Der Umgang mit Quietschspielzeug

Durch die Verwendung von Quietschspielzeug können sich bei einigen Hunden Probleme ergeben. Wenn ein Hund einen anderen zwickt oder beißt, quietscht dieser vor Schmerz auf. Das ist das Signal für den Angreifer, sich zurückzunehmen. Diese Hemmung kann ein Hund durch Quietschspielzeug verlieren oder nicht ausreichend ausbilden. Denn um dem Quietschspielzeug diese interessanten Töne zu entlocken, muss der Hund immer wieder zubeißen. Andererseits kann ein Quietschspielzeug allzu schüchterne und zurückhaltende Hundepersönlichkeiten mal so richtig aus sich herausgehen lassen. Quietschspielzeuge sind also nicht per se gut oder schlecht, sondern es kommt darauf an, was man damit spielt und mit wem.

Achtung, gleich quietscht es! Manche Rassen wie Jack Russell Terrier können richtig süchtig werden nach diesen hohen Geräuschen, ähneln sie doch sehr dem hohen Piepsen von Mäusen und Ratten. Die Nager zu jagen, war das Zuchtziel dieser Rasse.

der Mutter, wenn sie getadelt wurden. Wollen Sie Ihren Hund jedoch mit hoher Stimme heranrufen, sollten Sie sich dabei nicht unnatürlich verstellen, sondern stets authentisch bleiben.

Kommunikation per Ohrenspiel

Die außergewöhnliche Beweglichkeit seiner Ohren nutzt der Hund auch für die Kommunikation *(siehe Seite 52–56)*. So gibt es Positionen, mit denen der Hund Neugierde, Angst, Freude und andere Gefühle zum Ausdruck bringt. Sowohl seine Artgenossen als auch wir Menschen können also an der Stellung der Ohren ab-

lesen, was in ihm vorgeht oder was er uns »sagen« möchte, natürlich immer im Kontext mit dem gesamten Körperausdruck. Signale von »Stehohrenträgern« sind dabei leichter zu lesen als die von Hunden mit schweren Hängeohren wie Cocker Spaniel. Je größer das Gewicht der Ohren, desto unbeweglicher sind sie auch. So apart die langen Lauscher eines Afghanen oder Shih Tzu auch aussehen mögen, man muss schon genau hinsehen, um zu bemerken, wann er die Ohren spitzt. Hunde mit Schlappohren können diese zwar ebenfalls nach oben und vorn richten sowie nach hinten legen, aufrichten können sie sie jedoch nicht.

Wie *Hunde* untereinander kommunizieren

Die *Grundbegriffe* der *Körpersprache*

Hunde äußern sich direkt: Sie knurren, bellen, wedeln mit der Rute, stupsen mit der Nase oder fixieren mit Blicken. Aber auch kleinste Gesten wie eine Änderung der Muskelspannung oder eine Verlagerung des Körpergewichts sagen etwas aus. Um zu verstehen, was das hündische Ausdrucksverhalten bedeutet, ist das Zusammenspiel aller Gebärden und Signale wichtig.

Hunde geben mit jeder Faser ihres Körpers Signal. Alle Hunde, die gut sozialisiert sind *(siehe Seite 21)*, verstehen und »sprechen« die Hundesprache perfekt. Wenn man weiß, was die einzelnen Signale bedeuten, vor allem was sie in Kombination und im jeweiligen Kontext ausdrücken sollen, ist man ganz klar im Vorteil. Wer über das Ausdrucksverhalten erkennt, wie sich der eigene Hund gerade fühlt, kann angemessen auf dessen Bedürfnisse eingehen und ihm dadurch zeigen: Ich verstehe dich!

NONVERBALE SIGNALE

Wie wir Menschen kommunizieren auch Hunde sowohl über Laute als auch über Mimik, Gestik, Berührungen, Bewegungen und Körperhaltungen, also nonverbal. Während der Anteil an nonverbalen Signalen bei der zwischenmenschlichen Kommunikation etwa 60 bis 65 Prozent beträgt, liegt er bei Hunden um 90 Prozent. Zusätzliche Accessoires wie Kleidung, Schmuck und Frisuren, womit wir Menschen ebenfalls Botschaften senden, stehen Hunden nicht zur Verfügung. Sie setzen gezielt ihre Körpersprache, Laute sowie Düfte, und zwar nicht nur die eigenen, ein. So parfümieren sie sich gern mit dem Geruch von Aas und anderen für uns Menschen abstoßend riechenden Stoffen. Warum sie das tun und welche Wirkung es auf ihr Gegenüber hat, ist noch nicht erforscht. Fest steht, das Wälzen in Aas wird auch bei Wölfen beobachtet. Bislang dachte man, Wölfe und Hunde zeigen dieses Verhalten, um ihren eigenen Geruch zu überdecken und damit während der Jagd weniger gut erkennbar für mögliche Beutetiere zu sein. Doch Beobachtungen von Günther Bloch an wild lebenden Wolfsrudeln konnten dies nicht bestätigen. Vielmehr soll es eine gruppenverbindende Funktion haben. Darüber hinaus empfinden Hunde den Geruch im Gegensatz zu uns schlichtweg als angenehm.

Da ist doch was! Die Körpersprache dieses Hundes verrät Aufmerksamkeit.

49

Kopf

Augen

Ohren

Fell

Fang

Rute

Gang

gesamte Körperhaltung

Hunde setzen bei der Kommunikation mit Artgenossen den ganzen Körper ein. Zum »Lesen« der Botschaften werden alle Bereiche im Kontext gesehen.

Mit dem Körper »sprechen«

Körpersprache gehört bei Hunden neben dem Riechen *(siehe Seite 75–79)* und noch weit vor dem Hören *(siehe Seite 43–45)* zum wesentlichen Repertoire bei der Kommunikation mit Artgenossen. Dabei ist ihre Körpersprache immer authentisch und zuverlässig, denn schauspielern oder einander etwas vormachen können Hunde nur sehr begrenzt – auch wenn es uns Menschen manchmal anders vorkommen mag. Wenn sich ein Hund freut, dann freut er sich und zeigt es auch. Und wenn ein Hund Angst hat, zeigt er das ebenfalls unmissverständlich.

Signale sind mehrfach belegt

Zur Körpersprache der Hunde gehören die Standposition *(siehe Seite 88–91)*, die Neigung des Kopfes *(siehe Seite 51)*, die Intensität des Blickkontakts *(siehe Seite 56)*, die Stellung der Ohren *(siehe Seite 52–55)* und die Art, wie sie die Rute bewegen und halten *(siehe Seite 62–67)*. Damit »sprechen« sie Bände. Im Zweifelsfall wird ein Hund also eher auf das reagieren, was er riecht und sieht, und nicht auf das, was er hört.
Die Hundesprache hat allerdings einen Haken: Sie verfügt nur über einen beschränkten Wortschatz. Im Vergleich zu

unserer menschlichen Sprache kann man damit nicht allzu viele verschiedene Dinge ausdrücken. Zahlreiche Signale sind daher mehrfach belegt. So kann eine wedelnde Rute bedeuten, dass der Hund sich freut, aufgeregt, unsicher oder angespannt ist. Das ist jeweils ein großer Unterschied. Für die richtige Deutung der einzelnen Gebärden und Verhaltensweisen spielt daher in jedem Fall die Gesamthaltung eine entscheidende Rolle. Eine subtile Geste, wie das leichte Verlagern der Körperachse, kann eine angespannte Situation zur Eskalation bringen oder dazu beitragen, den Frieden zu wahren. Es kommt immer auf den Kontext an, in dem sie gezeigt wird.

Worüber »sprechen« Hunde?

Hunde können ausdrücken, dass sie mit anderen freundschaftlich Kontakt aufnehmen, spielen oder Sex haben wollen. Ob der andere Hund darauf eingeht, hängt von dessen Stimmung ab. Vielleicht antwortet er mit: »Lass mich in Ruhe!«, »Verschwinde!« oder »Geh da nicht ran, das ist meins!« Derlei Aussagen können offensiv als Angriff oder defensiv als Verteidigung ausgedrückt werden, wobei Letzteres weitaus häufiger vorkommt. Sowohl einladende als auch eingrenzende Gesten können von uns Menschen bei der Erziehung des Hundes übernommen werden *(siehe Seite 186–189)*.

Zeigen, wer man ist

Durch den Einsatz bestimmter Signale offenbaren sich also Zustand und Absicht eines Hundes. Einzelne Gesten sind durchaus vergleichbar mit Worten, die in Bewegungsabläufen dann zu so etwas wie Sätzen kombiniert werden.

Mit Demutsgesten möchten Hunde sagen: »Ich erkenne deinen höheren Status an.« Hierzu gehören Gebärden wie sich auf den Rücken zu legen, den Bauch preiszugeben, mit tief gehaltener Rute stark zu wedeln, den Blick und Kopf abzuwenden, Kriechgang oder geduckte Haltung *(siehe auch Seite 90, 100)*.

Dominanzgesten hingegen sollen dem Gegenüber klar machen: »Ich bin hier der Chef und bestimme über dein Verhalten.« Hunde zeigen dies, indem sie die Bewegungsfreiheit des Gegenübers einschränken. Dazu legen sie den Kopf oder die Pfote auf den Artgenossen, reiten auf oder bedrängen ihn. Weitere Dominanzgesten sind eine gerade und schnelle Annäherung, eine direkte Anus-Genital-Kontrolle, ohne vorher einige »Höflichkeitsfloskeln« auszutauschen, eine steil hoch getragene Rute und häufiges Markieren, oft gefolgt von wildem Scharren *(siehe Seite 78)*. Wenn der andere klein beigeben möchte, klemmt er die Rute ein, legt die Ohren an, leckt sich das Maul und macht sich klein. Jeder Körperteil wird also vom Hund genutzt, um dem anderen zu zeigen, was gerade in ihm vorgeht. Auf den nächsten Seiten erfahren Sie, was Hunde ihren Artgenossen über einzelne Körperpartien mitteilen können.

WAS DER KOPF VERRÄT

Allein die Kopfhaltung eines Hundes sagt viel über dessen Gestimmtheit aus. Ob er den Kopf absenkt, abwendet, schief legt oder seinen Kopf an dem eines anderen Hundes reibt – alles hat eine Bedeutung.

Das Absenken des Kopfes ist im sozialen Kontext oft ein Zeichen von Stress, Demut oder Beschwichtigung. Der Kopf wird aber auch abgesenkt, wenn der Hund ängstlich droht oder sich an Beute anschleicht.

Kopfabwenden wird häufig als Maßnahme angewendet, um Spannungen abzubauen. Der Hund, der seinen Kopf abwendet, möchte eine Interaktion beenden oder die Distanz zu etwas vor seinem Gesicht vergrößern. Oftmals blinzelt er zusätzlich noch, um seine friedlichen Absichten zu bekräftigen *(siehe Seite 58)*.

Das Auflegen des Kopfes auf die Schultern oder den Rücken eines anderen Hundes wird dagegen oft als Dominanzgeste eingesetzt. Durch Kopfauflegen gewinnt nämlich dieser Hund kurzfristig die Kontrolle über den Bewegungsspielraum des Artgenossen. Er demonstriert dadurch seine Überlegenheit. Rüden zeigen diese Geste noch in einem anderen Zusammenhang,

nämlich wenn sie eine Hündin umwerben. Auch dann legt der Rüde oft den Kopf auf den Rücken der Auserwählten, bevor er sie besteigt.

Das Schieflegen des Kopfes ist oft ein Zeichen von Neugier und Interesse. Vor allem wenn der Hund angesprochen wird, zeigt er diese Geste und sieht dabei nicht selten aus, als bemühe er sich, gut zuzuhören.

Kopfdrücken bedeutet, dass zwei Hunde Stirn und Schnauze aneinanderpressen. Man sieht es vor allem dann, wenn ein Rüde eine Hündin umwirbt oder bei einer innigen Begrüßung zweier befreundeter Tiere. Es ist in jedem Fall Ausdruck eines freundlichen Miteinanders.

VERSTEHEN, WAS HUNDEOHREN SAGEN

Hunde können mit ihren Ohren nicht nur hören. Über die Stellung der Ohren drücken sie auch ihre Stimmung aus und ob sie sich gerade für etwas oder jemanden interessieren. Auch hier gilt wieder, dass bei der Beurteilung der ganze Hund betrachtet werden muss.

Ohren flach zurückgelegt heißt, dass sich der Hund bedroht fühlt. Zusätzlich fletscht er auch die Zähne leicht als Teil eines warnenden Gesamteindrucks. Die Botschaft lautet: »Komm mir nicht zu nahe!« Legt er jedoch seine Ohren flach zurück bei lang nach hinten gezogener Maulspalte und zusammengekniffener Maullinie, eventuell mit heraushängender Zunge, dann hat er Angst. Wollen Hunde beschwichtigen, dann legen sie ebenfalls die Ohren zurück.

Ohren leicht nach vorn gestellt ist allgemein ein Zeichen für Interesse.

INFO

Betörende Blicke

Wenn ein Hund so nett den Kopf zur Seite neigt, werden die meisten Menschen schwach. Hunde sind »Menschenversteher« und manipulieren uns mit diesem schelmischen Blick, wo sie können. Allerdings lassen sich auch andere Hunde von dieser Geste beeindrucken, etwa wenn sie ein Artgenosse mit schief gelegtem Kopf zum Spielen auffordert.

Sind die Ohren nach hinten gedreht, fühlt sich der Hund bedroht (oben links), sind sie nach hinten angelegt, ist er ängstlich (oben rechts). Aufgestellte Ohren zeigen Interesse (unten links), aufgestellt und nach vorn gedreht Aufmerksamkeit (unten rechts).

Die Ohren stark nach vorn gestellt hat ein Hund, dessen Interesse angewachsen ist. Sie zeigen also den Grad des Interesses, nicht aber, wie sich der Hund in dem Moment fühlt. Das lässt sich nur aus dem Gesamtkontext erschließen.

Bemerken Sie beispielsweise beim Spaziergang, dass Ihr Hund die Ohren in eine bestimmte Richtung stellt, sollten alle Alarmglocken schrillen. Dann hat er die Katze oder den Hasen meistens bereits gerochen und eventuell auch gesehen.

Das Aufstellen der Ohren ist das letzte Warnsignal, bevor er durchstartet, und für uns vielleicht die allerletzte Chance, ihn noch zu stoppen.

Aber auch ein Hund, der offensiv droht, richtet seine Ohren stark nach vorn.

Eine uneindeutige Ohrstellung signalisiert, dass der Hund unsicher ist. Manchmal drückt jedes Ohr für sich etwas anderes aus. Das deutet auf widersprüchliche Gefühle hin: Der Hund kann eine Situation noch nicht klar einschätzen.

Unterschiedliche Ohrformen

Menschenohren haben im Großen und Ganzen dieselbe Form und Größe, doch bei Hunden findet man erstaunlich viele Variationen. Allerdings war das nicht immer so, schließlich stammen Hunde von Wölfen ab, und Wölfe haben Stehohren. Die unterschiedlichen Ohrformen der Hunde sind durch Züchtung entstanden. Neben Steh- und Hängeohren gibt es auch Kipp-, Schmetterlings- und Rosenohren.

Stehohren: Klassischer »Stehohrenträger« ist der Deutsche Schäferhund. Seine mehr oder weniger dreieckigen, zugespitzten Ohren lassen ihn selbst dann aufmerksam und wachsam erscheinen, wenn er sich nur beiläufig umschaut.

Kippohren: Mit ihren umgeklappten Spitzen verleihen sie Rassen wie Collies, Shelties oder Foxterriern ein freundliches und pfiffiges Gesicht. Das sympathische Aussehen spielt beim Hundekauf häufig eine große Rolle.

Hängeohren: Sie lassen das Hundegesicht weicher, kindlicher und ungefährlicher erscheinen. Als Welpen haben alle Hunde Schlappohren. Viele Rassen, die als »familienfreundlich« bezeichnet werden, haben Hängeohren und sehen dadurch harmloser aus. Ein gutes Beispiel dafür ist der Labrador Retriever. Mit seinem oft relativ kurzen Fang, den wenig auffallenden Zähnen, relativ großen Augen, dem runden Kopf und den Hängeohren wirkt er sehr liebenswürdig.

Lange Ohren sind allerdings pflegeaufwendig, weil die Luft darunter nicht genügend zirkulieren kann. Es bildet sich leicht Feuchtigkeit – ein idealer Nährboden für Bakterien und Pilze. Hängeohren, gerade die besonders langen, sind meist sehr tief angesetzt und decken den Gehörgang ab. Daher können sie nicht mehr gut aufgestellt und gedreht werden, um Geräusche zu lokalisieren oder einzufangen. Auch der Schall wird durch das tief angesetzte Ohr gebremst. Dennoch hören selbst Hunde mit langen Hängeohren beinahe ebenso gut wie ihre stehohrigen Kollegen. Manchmal vermitteln uns ausgeprägte Ohrformen auch falsche Botschaften. Die langen, dicht behaarten Ohren lassen etwa den Cocker Spaniel sanftmütig erscheinen, dabei neigen insbesondere die roten Cocker hin und wieder zu Reizbarkeit. Auffällig ist, dass bestimmte Jagdhunde wie Beagles, Bloodhounds, Schweißhunde oder Bassethounds extrem lange Ohren haben. Es heißt, dass ihre langen Ohren sie bei der Jagd nach Geruch unterstützen würden, indem sie beim Entlangschleifen auf dem Boden Luft und damit auch Geruchsmoleküle aufwirbeln.

Rosenohren: Typisch für Windhunde und Bulldoggen ist das sogenannte Rosenohr. Dabei fällt der obere Ohrenrand nach außen und hinten, wodurch das Innere der Ohrmuschel teilweise sichtbar ist.

Schmetterlingsohren: Damit schmückt sich der Papillon. Sie sind eine Sonderform der Stehohren, übergroß und ähneln ausgebreiteten Schmetterlingsflügeln.

Beeinflusst die Ohrform die Kommunikation?

Ob dies tatsächlich so ist, darüber streiten die Experten. Unter gut sozialisierten Hunden spielt die Ohrform wahrscheinlich eine untergeordnete Rolle, denn für die Hunde ist bei der Kommunikation der Geruch wichtiger als die Optik. Ein Hund,

*Die langen Ohren lassen den Tibet Terrier anschmiegsam wirken (links oben).
Foxterrier mit Kippohren (rechts oben), Cocker Spaniel mit Hängeohren (Mitte links),
Papillon mit den rassetypischen Schmetterlingsohren (Mitte rechts), Whippet (links
unten) mit Rosenohren, Deutscher Schäferhund (rechts unten) mit Stehohren.*

der die Ohren angespannt nach vorn richtet, muss auch entsprechend riechen, um von einem anderen Hund als Gefahr eingestuft zu werden. Zusätzlich registrieren Hunde auch kleinste Veränderungen der Ohrstellung. Allerdings sind manche Rassen, etwa solche mit besonders langen Hängeohren, in ihrer Kommunikation eingeschränkt, weil sich eine Modifikation der Ohrstellung kaum bemerkbar macht. Solche Rassen müssen dann andere körpersprachliche Botschaften bevorzugt einsetzen. Vermutlich brauchen eher wir Menschen das deutlich lesbare Stehohr, um zu erkennen, was Hund sagen möchte.

»Schlechtes Gewissen«? Die Körperhaltung dieses Hundes signalisiert eher Angst oder Unsicherheit.

WAS HUNDE MIT IHREN AUGEN AUSDRÜCKEN

Hunde gehen mit Blicken ähnlich um wie Menschen. Wenn ein Hund mit festem Blick angestarrt wird, kann es sein, dass er wegsieht. Nähert sich ihm ein Hund aggressiv, versucht er vielleicht die Erregung des Aggressors zu dämpfen, indem er beschwichtigend zur Seite guckt. Dass er dem Blick ausweicht, lässt ihn in unseren Augen schuldbewusst wirken, obwohl Hunde sicherlich keine Vorstellung von Schuld haben. Und auch wenn er manchmal so wirkt und wir gern unsere Gefühle in unsere Vierbeiner hineininterpretieren, ein schlechtes Gewissen hat ein Hund wahrscheinlich nicht. Durch den gesenkten Kopf und das Meiden des Blickkontakts signalisiert er dem Artgenossen: Ich fühle mich mit dieser Situation nicht wohl *(siehe Foto links)*.

Die Stimmung von den Augen ablesen

Auch untereinander verständigen sich Hunde mit Blicken. Der Augenausdruck sagt nämlich viel über die Stimmung aus, er kann sich von einer Sekunde auf die andere verändern.

Beiläufiges Anschauen: So guckt ein freundlicher, entspannter Hund andere Hunde oder Menschen an. Längere direkte Blicke vermeidet er und signalisiert so, dass er keine bösen Absichten hegt.

Starren: Mit langem Anstarren wird ein Hund einem Artgenossen begegnen, der versucht, ihm seinen Knochen zu stehlen. Der Herausgeforderte setzt das lange Starren als Drohung ein. Der potenzielle

Dieser drohend fixierende Blick verheißt nichts Gutes (oben links) Spielerisch unterwirft sich der rechte Hund (oben rechts), behält aber den Blickkontakt bei. Dieser Hund ist völlig entspannt (unten links). Zwei Hunde im Streitgespräch drohen sich an (unten rechts).

Dieb zieht sich daraufhin meistens zurück. Manchmal hilft Zurückstarren auch dabei, das Gesicht zu wahren. So kann sich etwa beim Spielen ein Hund auf den Rücken rollen und trotzdem Blickkontakt zu dem Hund herstellen, der über ihm steht. Damit gibt er zu erkennen, dass er sich nicht vollständig unterwirft, sondern dieses Mal vielleicht nur der Klügere ist. Im nächsten Moment können die Karten anders gemischt sein und der Kumpan liegt unten.

Fixieren: Dies ist eine ernste Drohung und bedeutet so viel wie »Verzieh dich, hier bin ich der Chef!«. Der Überlegene fixiert dabei den anderen so lange, bis der klein beigibt, den Blickkontakt durch Wegsehen abbricht und eine Demutsgeste zeigt, indem er sich zum Beispiel kleiner macht.
Augen abwenden: Damit signalisiert ein Hund Unterwürfigkeit. Er sagt dem Artgenossen: »Ich erkenne dich als Chef an, ich will keinen Ärger mit dir.«

Blinzeln: Es dient nicht nur dazu, die Augen sauber und feucht zu halten. Je nach Situation leitet es ein Nachgeben ein und unterbricht das dominante Starren. Wenn Hunde einander erstmals begegnen, blinzeln sie manchmal übertrieben. Das heißt nicht, dass sie abgelenkt sind oder kein Interesse haben. Damit drücken sie aus, dass die Situation für sie nicht problematisch oder bedrohlich ist. Blinzeln ist aber nicht so unterwürfig wie das Abwenden des Kopfes. »Wir sind fast gleichrangig, aber ich akzeptiere dich als Chef« könnte man einen derart blinzelnden Hund übersetzen. Manchmal blinzeln Hunde allerdings auch einen Sekundenbruchteil vor dem Angriff. Sie scheinen sich dann mental noch einmal kurz zu sammeln.

Augen weit geöffnet, Ohren aufgestellt, Kopf leicht geneigt: Was kommt jetzt?

Geweitete Augen: Hat der Hund zusätzlich zu den geweiteten Augen noch den Kopf leicht schief gelegt, verharrt er in gespannter Erwartung.

WAS HUNDE MIT MAUL UND ZÄHNEN SAGEN

Hunde können nicht »Hör auf!« oder »Lass das!« rufen. Stattdessen knurren sie, zeigen dem Gegner ihre Zähne oder gehen weg. Richtig wehren können sie sich nur mit ihrem scharfen Gebiss. Doch ihre Zähne dienen nicht nur zum Beißen: Hunde klappern mit ihnen, während sie Geruchsmoleküle erfassen, oder beknabbern mit den Schneidezähnen Haut und Fell des Sozialpartners, um Bindungen zu festigen. Auch das Aussehen der Maulspalte hat für die Kommunikation unter Hunden eine große Bedeutung.

Zähneklappern: Wie bereits auf Seite 32 gesagt, bedienen sich Hunde insbesondere bei der Unterscheidung von Gerüchen verschiedener Riech- und Atemtechniken. Hat zum Beispiel ein unkastrierter Rüde eine paarungsbereite Hündin gerochen, zieht er die Luft mit den Duftstoffen mittels geöffneter Schnauze und Zunge in den oberen Maulhöhlenbereich. Dort gelangen sie zum Jacobson'schen Organ *(siehe Seite 32),* wo nur Pheromone verarbeitet werden, also Gerüche, die über Geschlecht und Fortpflanzungssituation von Artgenossen Auskunft geben. Gleichzeitig mit dieser speziellen Riechtechnik zeigt der Rüde ein »Zähneklappern«, das durch eine rhythmische Bewegung der Zunge und des Kiefers entsteht.

Grooming: Darunter versteht man das gegenseitige Beknabbern. Es gehört zum Komfortverhalten *(siehe Seite 151).* Dabei werden mit schnellen und kurzen Beißbewegungen Haut und Fell des Artgenossen mit den Schneidezähnen kurz angezupft und wieder losgelassen. Bei vielen sozial lebenden Tierarten fördert das Fellknabbern den Zusammenhalt von Paaren oder Gruppen und ist ein wichtiges Element ihres Sozialverhaltens.

Aussehen der Maulspalte: Dies ist von Bedeutung, um das Ausdrucksverhalten eines Hundes richtig zu lesen. Je nachdem, ob sie eher kurz und rund oder lang nach hinten gezogen ist, erkennt der Artgenosse, ob sein Gegenüber selbstbewusst angreifen will oder sich aus Angst und Unsicherheit nicht anders zu helfen weiß und daher aggressiv ist.

Zeigen Hunde in Konfliktsituationen die Zähne, dann ziehen sie die Lefzen mehr oder weniger hoch und reißen den Fang unterschiedlich weit auf. Ein offensiv drohendes Tier zeigt in der Regel nur die vorderen Zähne bei kurzer, runder Maulspalte, während beim defensiven Abwehrdrohen häufig bei lang nach hinten gezogener Maulspalte die gesamten Zahnreihen entblößt werden. Dabei kräuselt und faltet sich die Haut am Nasenrücken. Man kann also sagen, je mehr Zähne der Hund zeigt und je weiter er das Maul aufreißt, desto unsicherer ist er eigentlich.

Kräuseln der Nase: Dies bedeutet bei den meisten Hunden fast immer eine Drohgebärde. Jedoch kräuseln einige Rassen, wie zum Beispiel Dalmatiner und Whippets, bei der Begrüßung die Oberlippe, sodass die vorderen, oberen Zähne sichtbar werden. Gleichzeitig zeigen diese Hunde neben den hochgezogenen Lippen Demutsgesten, machen sich klein und halten Kopf und Rute gesenkt. Dies dauert nur einen Moment und ist nicht zu verwechseln mit dem drohenden Zähnefletschen. Dieses Kräuseln der Oberlippe kann auch bei der Aufforderung zum Spiel gezeigt werden. Ein paar andere Hunderassen können es zwar auch, aber beim Dalmatiner ist das »Lachen« besonders ausgeprägt. Interessanterweise wird es nur dem Menschen gegenüber gezeigt.

MITTEILUNG PER GANG

Als ursprüngliches Laufraubtier sollte der Hund so gebaut sein, dass er mit möglichst wenig Kraftaufwand ausdauernd gehen, traben und galoppieren kann. Ein unharmonischer Bewegungsablauf, etwa ein schwerfälliger, kurztrittiger oder stelzender Gang, ist uneffizient und führt nicht nur zu vorzeitiger Ermüdung, sondern vor allem zu Abnutzungserscheinungen in den Gelenken. Auch ist ein tadelloses Gangwerk bei jeder Rasse ein Zuchtziel. Allerdings kann der Hund mit der Art, sich fortzubewegen, auch seine Stimmung zeigen, indem er etwa entspannt läuft, steifbeinig stakst, geduckt schleicht oder devot kriecht. Die Bewegung kann komplett erstarren, in eine schnelle Flucht übergehen oder in einer plötzlichen Attacke münden.

Körpergewicht – so lange der Hund nicht stark über- oder untergewichtig ist – und Körpergröße haben übrigens keinen Einfluss auf den Bewegungsablauf, fanden deutsche Zoologen heraus. In einer Studie verglichen sie die Bewegungen eines Chihuahuas mit denen einer Dogge und stellten fest, dass die Proportionen der Gliedmaßen bei den verschiedenen Rassen stets gleich sind. So sei es selbst nach 30.000 Jahren der Domestikation nicht gelungen, den Oberarm im Verhältnis zur Gesamtlänge der Gliedmaße zu verändern, so die Wissenschaftler.

MITTEILUNG PER FELL

Haut und Haare umgeben den Körper, isolieren gegen Kälte und verhindern den Verlust der Körperwärme. Doch damit nicht genug. Es spielt auch bei der nonverbalen Kommunikation eine wichtige Rolle. Ein glatt anliegendes Fell zeigt,

dass sich der Hund in einer entspannten Stimmungslage befindet. Wird es gesträubt, bedeutet dies entweder Unsicherheit oder Imponiergehabe. Ein Hund, der die Bürste nur über die Schulterpartie aufstellt, zeigt Selbstsicherheit. Stellt er den Kamm über die gesamte Rückenlänge auf, stehen die Zeichen eher auf Angst. Schlagartig auftretende Schuppen oder plötzlicher Haarausfall können in extremen Stresssituationen auftreten.

EINDEUTIGE MIMIK

Hunde und Menschen drücken mithilfe ihrer Mimik Gefühle aus. Egal, ob Angst, Freude oder Ekel, all das steht dem Hund

Wer bist du? Das Kennenlernen beginnt meist mit der Geruchskontrolle am Kopf. Der rechte Hund zeigt sich selbstbewusster. Sein Fell im Schulterbereich ist aufgestellt.

ins Gesicht geschrieben. Wenn Hunde Ekel empfinden, wenden sie sich ab und verziehen die Lefzenwinkel. Viele Hundehalter lösen bei ihren Hunden unbeabsichtigt diese Reaktion aus, indem sie ihnen über den Kopf streicheln. Die meisten Hunde mögen das aber überhaupt nicht.

Und ebenso wie wir verleihen auch Hunde ihrem Gesicht Ausdruck, indem sie die Augenbrauen bewegen. Sind zum Beispiel die Innenwinkel der Augenbrauen nach oben gezogen, wirkt die Miene des Hundes besorgt. Sind sie dagegen nach vorn gezogen und zusammengekniffen, bekommt das Gesicht einen ärgerlichen Ausdruck. Ob unsere »Interpretation« zutrifft, hängt von der jeweiligen Situation ab.

Rassen wie Pinscher, Rottweiler oder Berner Sennenhund haben wie der Wolf auffällige Abzeichen im Gesicht, durch die ihre Mimik besonders markant wirkt. Bei anderen Rassen wie Bobtail, Lhasa Apso oder Puli wird das Gesicht komplett mit Fell verdeckt. Will ein anderer Hund bei ihnen eine Mimik erkennen, muss er genau auf die Bewegungen des Deckhaars achten. Regt sich das Haar über den Augen oder um das Maul herum, bedeutet dies, dass sich der Gesichtsausdruck entsprechend verändert.

Eingeschränkte Mimik

Während Wölfe über 60 verschiedene Mienen zeigen, stehen einigen Hunden nicht mehr als vier oder fünf zur Verfügung. Schoßhunde etwa haben sich darauf verlegt, ihre Stimme zu benutzen, statt sich über das Mienenspiel auszudrücken. Und Extremzüchtungen wie dem Mops sind durch sein Dauerkindchenschema mit

rundem Kopf, kurzer Nase und Kulleraugen kommunikativ Grenzen gesetzt. Seine Mimik ist bei Auseinandersetzungen mit Artgenossen im Vergleich zu Hunden mit normalem Gesichtsschädel eingeschränkt.

Universalsprache

Trotz extremer Unterschiede im Aussehen verstehen Hunde mühelos die Körpersprache anderer Rassen. Denn die Hundesprache ist weltweit gleich. Hatten die Welpen während der Sozialisierungsphase die Möglichkeit, mit Hunden anderer Rassen zu kommunizieren, dann kann sich ein Mops mit einem Schäferhund ebenso unterhalten wie mit einem Ridgeback oder Yorkshire. Wenn sich ein Hund einem anderen mit hoch erhobener Rute nähert, wird das normalerweise als Drohung gewertet. Dennoch weiß etwa ein Border Collie

INFO

Pokerface

Bei Rassen wie Bulldogge oder Pitbull legte man durch gezielte Züchtung Wert auf einen starren Gesichtsausdruck. Das »Pokerface« sollte verhindern, dass Gegner bei Kämpfen den Hunden »in die Karten schauen« konnten. Beim »Gespräch« mit diesen Rassen müssen die anderen Hunde genau hinsehen, um zu erfahren, was sie ihnen mitteilen wollen.

intuitiv, dass ein Chow Chow immer mit aufgestellter Rute herumläuft. Hunde können also durchaus situativ unterscheiden, wann eine Körperhaltung eine Bedeutung hat und wann nicht. Sie beurteilen nicht allein das optische Signal. Ausschlaggebend sind Körperspannung, Stimmung und Geruch. Selbst blinde Hunde kommunizieren problemlos mit sehenden.

KOMMUNIKATION PER RUTE

Kindern wird gern erklärt, dass sich Hunde freuen, wenn sie mit dem Schwanz wedeln. Haben sie dann als Erwachsene selbst einen Hund, erkennen sie, dass ein wedelnder Schwanz, besser eine wedelnde Rute, nur bedeutet, dass der Hund erregt ist. Sie sagt nichts über den Grad der Erregung aus. Je nach Art des Wedelns können Hunde Aufregung, Freude, Aggression, Stress, Angst, Demut und Unsicherheit zeigen. Den Unterschied erkennt man nur, wenn man auch die anderen Anzeichen wie Ohrenstellung und Körperhaltung beachtet. Aufgrund der Rasseunterschiede sind jedoch einige Ruten weniger beweglich als andere. Hunde mit kurzem Stummelschwanz oder kleiner Ringelrute verlegen sich daher mehr auf andere Bereiche der Körpersprache, um ihre Gefühle auszudrücken.

Das Ruten-Einmaleins

Sobald ein Hund ein Gegenüber hat, ist seine Rute ständig in Bewegung, egal, ob es sich dabei um einen stattlichen Busch, eine lebhafte Peitsche oder einen Stummel handelt. Um die Gestimmtheit der Hunde zu erkennen, ist die Haltung der Rute kombiniert mit der Art des Wedelns von Bedeutung. Zusätzlich ist auch auf andere Körpersignale wie Körperspannung oder Gesichtsausdruck zu achten.

Lockere Rute: Eine locker herunterhängende Rute deutet darauf hin, dass der Hund entspannt ist.

Wedelnde Rute: Wedelt der Hund mit seiner Rute, ist er erregt. Der Grund kann freudige Erregung, aber auch Anspannung sein. Wedelt er bei entspanntem Körper mit dem Schwanz, dann ist er meist freundlich gestimmt. Die Schwanzbewegungen sind schnell und kreisförmig,

Demonstration der Selbstsicherheit: Diesen Wedel kann niemand übersehen.

*Aufgerollte Ringelrute oder fedrige Quaste, buschige Fanfare oder dünner Ratten-
schwanz – so verschieden die Hunderassen, so unterschiedlich ist die Form ihrer
Ruten. Auch wenn manche Rassen durch die angezüchtete Form scheinbar eine Stimmung mitteilen, wissen die Artgenossen dies dennoch richtig zu deuten.*

und je nach Temperament wackelt das ganze Hinterteil schwungvoll mit. Allerdings hängt es auch von der Rasse und Lebhaftigkeit des Tieres ab, wie schnell und heftig ein Hund wedelt. Der Blick ist weder vorsichtig noch ängstlich. Grundsätzlich bedeutet Schwanzwedeln immer, dass der Hund in Bereitschaft steht, etwas zu tun, sei es jemanden freundlich zu begrüßen oder ängstlich anzugreifen. Je nach Situation kann es sich beim Wedeln auch um beschwichtigendes Verhalten handeln.

Waagerecht gehaltene Rute: Eine waagerecht vom Körper abgespreizte Rute, die langsam wedelt, deutet auf eine gewisse Erwartungshaltung des Hundes hin. Etwas hat sein Interesse geweckt.

Hoch erhobene Rute: Dieses Signal bedeutet genau das, wonach es aussieht. Es ist meist pures Angeben. Der Hund möchte imponieren und sich selbstsicher zeigen. Eine hoch erhobene Rute zeigt ein Hund besonders oft, wenn er auf einen Artgenossen trifft. Dies ist in der Regel ein Signal für triebgesteuertes Handeln. Es ist typisch für Rüden, die Eindruck schinden wollen, oder für Hunde, die ihren Bewacher-Job ernst nehmen.

Über den Rücken gebogene Rute: Ist die Rute ganz nach oben gerichtet und deutlich über den Körper gebogen, handelt es sich meist um einen sehr selbstsicheren Hund. Es kann allerdings auch sein, dass der Hund seine Unsicherheit damit überspielen möchte. Das erkennt man meist an den zeitgleich nach hinten gelegten Ohren, am Vermeiden von Blickkontakt und anderen Anzeichen von Unsicherheit *(siehe Foto Seite 60, linker Hund).*

Tief getragene Rute: Sie steht für Gesprächs- und Unterordnungsbereitschaft

INFO

Warum wurden Ruten kupiert?

Als Kupieren bezeichnet man das chirurgische Entfernen mehrerer Schwanzwirbel beim Welpen. Ursprünglich wollte man Gebrauchshunde dadurch vor Verletzungen schützen. Jagdhunde etwa, die im dichten Unterholz nach Wild stöbern und dabei heftig mit dem Schwanz wedeln, sollten so vor Rutenverletzungen bewahrt werden. Die Rute kann brechen, einreißen oder bluten. Wird sie vorsorglich gekürzt, entfällt dieses Risiko. Im Lauf der Zeit gehörte ein kupierter Schwanz zum ästhetischen Standard vieler Rassen wie Cocker Spaniel oder Terrier. Der praktische Gebrauch spielte kaum mehr eine Rolle. Das Kürzen des Schwanzes ist nicht nur schmerzhaft, man nimmt dem Hund mit der Rute auch ein wichtiges Ausdrucksmittel. Seit 1998 ist das Kupieren deshalb in Deutschland (bis auf wenige Ausnahmen bei jagdlich geführten Hunden) verboten.

Der Stummelschwanz ist ein gewisses Handicap. Trotzdem können sich die beiden spielenden Hunde gut verständigen, denn sie kommunizieren nicht nur über die Rute.

oder Angst. Bei einer Hundebegegnung zeigt sich ein solcher Hund eher devot.

Eingeklemmte Rute: Besonders unterwürfige oder ängstliche Hunde klemmen die Rute zwischen die Hinterbeine oder ziehen sie direkt an den Bauch. Je weiter der Hund die Rute einklemmt, desto stärker ist die Emotion. Doch nicht immer ist eine einklemmte Rute ein trauriger Anblick: Welpen begrüßen erwachsene Hunde oft mit eingeklemmtem Schwanz. Es ist ihre Art, respektvoll zu sein.

Zuchtbedingte Rutenhaltung

Rassestandards machen es manchmal schwierig, die Rutenhaltung richtig zu interpretieren. Denn nordische Rassen tragen die Rute normalerweise über den Rücken gestellt, während Windhunde sie oft zwischen den Beinen einklemmen. Das heißt aber nicht, dass Huskys generell dominant sind und Greyhounds immer ängstlich. Foxterrier und Airedale Terrier tragen die Rute von Natur aus hoch und ziemlich steif. Dadurch wirken sie selbstbewusster oder sogar aggressiver als andere Rassen. Doch das muss nicht immer zutreffen. Auch der Spitz trägt die Rute genetisch bedingt hoch über dem Rücken, er kann sie aber durchaus senken, um Gesprächsbereitschaft zu signalisieren.

Eine Rute mit langem Fell erleichtert die Kommunikation, weil das Fell die normale Bewegung noch betont. Bei Boxer, Schnauzer, Rottweiler und Dobermann wurde die Rute früher häufig kupiert *(siehe Seite 64)*. Bei manchen Rassen, zum Beispiel beim Boston Terrier, ist die Stummelrute angeboren. Diese Hunde setzen ihren Stummelschwanz so gut ein, wie sie können, doch ihre Ausdrucksmöglichkeiten sind eingeschränkt. Auch manche Australische Schäferhunde kommen mit sehr kurzer oder ganz ohne Rute zur Welt. Um als schwanzlos zu gelten, darf der Stummel nicht länger als 15 Zentimeter sein, kleine Schoßhunde ausgenommen.

Hier ist der Status noch nicht geklärt. Durch die erhobene Rute signalisieren beide Hunde Selbstbewusstsein.

Weitere Funktionen der Rute

Die Rute dient nicht nur als optisches Signal. Jedes Mal wenn der Hund mit dem Schwanz wedelt, verteilt er damit wie mit einem Fächer seine persönliche Duftnote in der Umgebung. Durch das Wedeln ziehen sich die Muskeln rund um den Anus zusammen und üben Druck auf die Analdrüsen aus. Diese sind paarig rechts und links des Afters angeordnet. Sie sondern beim Kotabsatz ein Sekret ab, dessen Geruch bei jedem Hund so unverwechselbar ist wie der Fingerabdruck beim Menschen. Dieser Duft ist sozusagen der Personalausweis des Hundes. Er enthält Informationen über Alter, Geschlecht, Paarungsbereitschaft und Rang.

Auch wenn wir angesichts der klassischen Begrüßung unter Hunden angewidert die Nase rümpfen, für die Vierbeiner ist dies sehr wichtig, denn über diesen Duft erfahren sie, ob sie sich dem anderen eher respektvoll, lüstern oder gleichgültig nähern können. Wenn nervöse, ängstliche oder unsicherer Hunde die Rute zwischen die Hinterbeine klemmen, wollen sie verhindern, dass andere Hunde an ihrem Analgesicht schnuppern. Das gilt zwar als unhöflich, ist aber ihre Methode, sich geruchlich möglichst unsichtbar zu machen und keine Aufmerksamkeit zu erregen.

Darüber hinaus hilft die Rute dem Hund aber auch bei einer rasanten Hetzjagd, das Gleichgewicht zu halten. Beim Flitzen um die Kurve setzen Hunde den Schwanz wie eine Balancierstange ein. Beim Springen dient die Rute als Steuer, beim Schwimmen als Ruder. Retriever, die zum Apportieren aus dem Wasser gezüchtet wurden, haben eine dicke, starke Rute,

Gespitzte Ohren, waagerecht vom Körper abgespreizte Rute: Etwas hat die Aufmerksamkeit dieses Hundes erregt.

Angelegte Ohren, waagerecht gehaltene Rute, fluchtbereite Körperhaltung. Dem linken Hund ist es nicht geheuer.

die ihnen hilft, leicht durchs Wasser zu gleiten und schnell eine andere Richtung einzuschlagen.

Schwanzjagen

Wenn Hunde ihren eigenen Schwanz jagen, kann das eine Übersprunghandlung sein. Das bedeutet, der Hund ist sich nicht sicher, welches Verhalten in einer bestimmten Situation angebracht ist, und gerät in einen Konflikt. Manchmal zeigen Hunde dieses Konfliktverhalten auch, wenn ihnen etwas aufgezwungen wird. Jagt der Hund seinen Schwanz regelmäßig und mit zunehmender Intensität, sprechen Veterinäre von einer zwanghaften Verhaltensstörung. Solche stereotypen Verhaltensweisen gibt es in allen möglichen Formen, vom exzessiven Schwanzjagen über ständiges, monotones Bellen bis zur Selbstverletzung durch andauerndes Beknabbern oder Belecken des Körpers.

Etwa zwei Prozent aller Hunde sollen von derartigen Zwangsneurosen betroffen sein. Je länger Hundehalter solche Probleme ignorieren, desto schwieriger wird die Therapie. Zwangshandlungen zu bestrafen ist falsch, denn Angst und Stress verschlimmern die Symptome noch.

WIE HUNDE IHRE STIMMUNG AUSDRÜCKEN

Was fühlt ein Hund? Diese Frage ist für uns schwer zu beantworten, denn befragen kann man den Hund nicht. Nur sein Verhalten lässt Rückschlüsse auf seine Emotionen zu. Jeder Hund drückt mit seinem ganzen Körper aus, in welcher Stimmung er sich gerade befindet. Allerdings sind dies nur Momentaufnahmen, denn ein neutraler, entspannter Zustand kann blitzschnell in einen nervös-unsicheren oder aufgeregt-aggressiven wechseln, je nachdem wie der Hund auf bestimmte

Reize reagiert. Manche Tiere bleiben länger gelassen, andere sind schon sehr schnell aktionsbereit.

Neutrale Stimmung

Ein neutraler Hund ist in seiner ganzen Erscheinung und Körperhaltung gelassen *(siehe Foto unten)*. Er wirkt unbekümmert und zufrieden. Sein Rücken ist gerade, das Fell liegt glatt an. Er steht mit allen vier Beinen fest am Boden beziehungsweise sitzt oder liegt ruhig und entspannt. Die Ohren sind in Normalposition, das heißt, Hunde mit Stehohren lassen diese leicht nach außen sinken, Hängeohren fallen gerade herab. Das Maul ist in den Winkeln entspannt und entweder geschlossen oder leicht geöffnet. Die Rute wird locker getragen, ihre Stellung ist von der Rasse abhängig. Bei Hunden mit wolfsähnlichem Schwanz wie Schäferhund, Hovawart

Ein neutral gestimmter Hund ist gänzlich entspannt. Ohren und Rute werden locker gehalten, der Rücken ist gerade.

oder Berner Sennenhund hängt er locker unterhalb der Waagerechten, wohingegen Vertreter anderer Rassen wie Fox- oder Airedale Terrier ihren Schwanz oft auch in entspannter Stimmung hoch aufgerichtet tragen *(siehe Seite 64)*.

Interessiert

Weckt etwas das Interesse des Hundes, spannt sich der Körper an, die Ohren werden aufgestellt, der Blick verrät Aufmerksamkeit oder Neugierde, das Maul wird leicht geöffnet *(siehe Foto rechts oben)*. Die Rute wird angehoben. Die meisten Hunde lehnen sich bei einer Hundebegegnung leicht nach vorn, um den anderen Hund zu begrüßen. Dabei nähern sie sich seitlich. Niemals gehen sie gerade auf den anderen Hund zu. Das würden beide als bedrohlich empfinden. Sie signalisieren damit, dass sie ihrem Gegenüber wohlgesonnen sind – vorausgesetzt, die Mimik und das Wedeln der Rute drücken Freude aus. Manche Tiere heben auch eine Vorderpfote an und sehen dadurch aus, als ob sie gleich zur Tat schreiten wollen *(siehe Foto rechts unten)*.

Wie schnell etwas das Interesse eines Hundes weckt, hängt von dessen Temperament ab. Manche Rassen sind leichter erregbar als andere. Hütehunde etwa reagieren sehr schnell auf Bewegungsreize.

Gesteigerte Spannung

Mit steigender Spannung verändert sich die Haltung des Hundes. Der ganze Körper wird noch mehr nach vorn gerichtet, die Körperhaltung ist angespannt und der Fang geschlossen, die Rute wird hoch

erhoben und über dem Rücken getragen, die Läufe sind durchgedrückt, wodurch der Hund größer wirkt. Der Gang ist oft steifbeinig. Je nach Verlauf der Begegnung richtet sich der Hund nun zu maximaler Größe auf und stemmt die Pfoten in den Boden, um seine Standfestigkeit deutlich zu machen. Unter Umständen knurrt er, zieht die Nase kraus und die Mundwinkel nach vorn. Der Blick wird starr und kalt. Falls die Situation eskaliert, zieht der Hund die Lefzen hoch und fletscht die Zähne. Außerdem spreizt er ein wenig die Hinterbeine, um notfalls schnell hochspringen und kämpfen zu können.

In Spiellaune

Ein Hund, der spielen möchte, hat mehrere Möglichkeiten, dies einem Artgenossen mitzuteilen.

Vorderkörper-Tiefstellung: Dabei kauert er sich mit dem Oberkörper auf den Boden, das Hinterteil streckt er in die Luft. Er senkt den Kopf, wobei Maul und Lefzen entspannt sind und der Gesichtsausdruck freundlich ist. Manche Hunde bellen dabei in hohen Tönen und wedeln voller Vorfreude ausladend mit dem Schwanz. Die Ohren sind nach vorn gerichtet. Mit dieser Spielverbeugung fordert der Hund einen Artgenossen zum Spiel auf.

Spielgesicht: Der Hund wechselt schnell zwischen den verschiedensten Mimiken ab. Mal schaut er ängstlich, mal scheint er zu lachen, wobei er schnell hinterei-

nander seine vorderen Zähne zeigt, mal wirkt er aggressiv, aber alles nur sehr kurz. Damit signalisiert er dem Spielpartner, dass er nur so tut als ob.

»Fang mich«: Dies ist eines der beliebtesten Spiele unter Hunden. Einer packt einen Gegenstand und rennt damit weg, weil er erwartet, verfolgt zu werden. Gelegentlich nähert er sich dem Partner, lässt den Gegenstand fallen und hofft, der an-

dere wird danach schnappen. Sobald der dies versucht, wird der Gegenstand wieder aufgenommen und die Jagd beginnt von Neuem. Hat einer den anderen gefangen, geht das Spiel häufig in ein »Ringen« über, bei dem jeder mal am Boden liegt. Begleitet wird das Ringen oft von einem solchen Lärm, dass hundeunerfahrene Menschen glauben, die beiden Hunde kämpfen ernsthaft miteinander.

»Angriff«: Dies ist eine weitere Spielvariante. Ein Hund läuft direkt auf den anderen zu und wendet sich erst unmittelbar vor ihm ab. Das sieht bedrohlich aus, verwandelt sich aber in ein »Nachlaufen«, sobald der andere mitmacht.

Weitere Spielaufforderungen sind Schleuderbewegungen mit dem Kopf, plötzliches Hochspringen oder Hopsen.

Unsicherheit

Der unsichere Hund macht sich klein, um möglichst unsichtbar zu sein. Sein Körper ist nach hinten gerichtet, die gesamte Haltung wirkt geduckt. Die Rute hängt gerade herunter oder ist eingezogen, der Rücken fällt ab. Wenn überhaupt, ist nur ein leichtes Wedeln an der Rutenspitze zu erkennen. Ein unsicherer Hund hat die Lefzen weit nach hinten gezogen. Die Ohren sind zur Seite oder nach hinten gelegt, sodass teilweise das Ohrinnere zu sehen ist. Der Hund trägt den Kopf in gerader Linie mit dem Rücken oder lässt ihn sogar etwas hängen. Durch das Hochziehen der Schultern macht er einen beklommenen Eindruck. Seine Bewegungen sind zögerlich. Häufig leckt der Hund vermehrt über seinen Nasenspiegel.

Unsicherheit ist oft eine Vorstufe zur Angst *(siehe Seite 97–98)*. Ein unsicherer Hund kann eine Situation nicht richtig einschätzen und ist deswegen angespannt und besorgt. Unsicherheit sieht man häufig bei Begegnungen von Hunden, die sich nicht kennen, gegenüber einem schimpfenden Hundebesitzer oder auch gegenüber fremden Personen und Kindern. Hunde, deren Körper nach hinten gerichtet ist und die damit Angst und Unsicherheit signalisieren, dürfen nicht bedrängt werden, indem man direkt auf sie zugeht oder ihnen Streicheleinheiten aufzwingt. Oft reagieren Menschen falsch auf einen unsicheren Hund. Sie möchten ihm helfen, indem sie ihn streicheln, trösten und beruhigen, doch in den Augen des Hundes bedrängen sie ihn eher. Im schlimmsten Fall könnte das zur Folge haben, dass der Hund beißt *(siehe Seite 152)*.

Gesenkter Kopf, unterhalb der Waagerechten gehaltene Rute, eingeknickte Hinterbeine – ein Häuflein Unsicherheit.

Mit rundem Rücken auf dem Boden kauernd möchte ein unterwürfiger Hund eine bedrohliche Situation entspannen.

Unterwürfigkeit

Der unterwürfige oder demütige Hund versucht, durch sein Verhalten eine für ihn bedrohliche Situation positiv zu entspannen. Er macht sich kleiner, um auszudrücken: »Ich fordere dich nicht heraus, also tu mir nichts.« Ein unterwürfiger Hund kauert sich mit rundem Rücken und eingezogenem Kopf an den Boden. Bei extremer Unterwürfigkeit rollt er sich auf den Rücken und entblößt seinen Bauch. Einige Hunde scheiden auch ein paar Tropfen Urin aus. In Gegenwart eines dominanten Hundes leckt das unterwürfige Tier manchmal dessen Maul oder stößt dagegen, oder es hebt eine Vorderpfote, um zu zeigen, dass es den überlegenen Status des anderen anerkennt.

Als ritualisierte Demutsgeste ist Unterwürfigkeit kein Zeichen von Furcht. Vielmehr dienen Demutsgesten dazu, eine Furcht einflößende Situation möglichst zu vermeiden. Man könnte auch sagen, der »Untertan« verneigt sich vor dem »König«, um ihm Respekt zu erweisen. Die Demutsgeste ist somit ein Äquivalent unserer Verbeugung.

Ein unterwürfiger Hund stellt normalerweise keinen Blickkontakt zum dominanten Artgenossen her oder wendet den Blick sogar ab. Doch es gibt Ausnahmen. Entblößt ein Hund vor seinem Besitzer seinen Bauch und wahrt lockeren Blickkontakt, zeigt er, dass er keine Angst hat. Dies zeugt von Ehrerbietung und Vertrauen.

Stress

Ist der Hund körperlich oder emotional überfordert, fühlt er Stress. Typische Stresssituationen entstehen bei einer hohen Anzahl von fremden Hunden auf kleinstem Raum, bei lauten Auseinandersetzungen in der Familie, beim Tierarzt oder Bewältigen schwieriger Aufgaben. Stresssignale sind etwa Gähnen, verlegenes Schnüffeln auf dem Boden, hektisches Kratzen und/oder Hecheln mit weit zurückgezogenen Lefzen, das nicht wärmebedingt ist. Auch Quietschen oder Fiepen können vorkommen. Damit versuchen Hunde, den Stress abzubauen. Interessant ist in dem Zusammenhang, dass auch Situationen, von denen wir meinen, sie würden den Hund glücklich machen, Stress bedeuten können. Bällchen werfen, Zieh- und Zerrspiele erscheinen zunächst positiv, arten aber bei zu großer Intensität für den Hund leicht in Stress aus. Auch Clickern oder das sogenannte Shaping können Stress bedeuten, wenn der Hund die Lösung nicht findet.

TAKTILE KOMMUNIKATION

Der Tastsinn eines Hundes ist in der Regel gut ausgeprägt. Bevorzugt werden zum Fühlen die Pfoten und die Schnauze mit ihren Tasthaaren eingesetzt. Taktil kommuniziert wird im Nahbereich. Besonders unter Hunden, die sich kennen und mögen, spielen Berührungen eine wichtige Rolle, beispielsweise Kontaktliegen oder Schnauzenzärtlichkeiten. Aber auch bei aggressiven Auseinandersetzungen und Statusrangeleien werden Botschaften durch Anfassen ausgetauscht, etwa durch Rempeln, Schnauzengriff *(siehe Seite 73)* und Kopf- oder Pfoteauflegen.

Stimmung ausdrücken über die Art des Körperkontakts

Bei der sozialen Körperpflege oder Grooming *(siehe Seite 59)* mit gegenseitigem Belecken, Beknabbern oder Anstupsen treten taktile und geruchliche Kommunikation oft gemeinsam auf. Erst wird geleckt und dann intensiv gerochen. Beim Kontaktliegen suchen die Hunde engen Körperkontakt zu ihren Artgenossen. Sie schmiegen sich entweder aneinander oder reiben sich am anderen. Insbesondere Welpen werden von den Erwachsenen mit Körperkontakt regelrecht verwöhnt, manchmal so lange und intensiv, bis sie energisch protestieren.

So geht Wohlfühlen unter Hunden: Eng an den befreundeten Artgenossen gekuschelt, lässt es sich nicht nur gut ruhen, dies signalisiert auch: Wir gehören zusammen.

Durch soziale Körperpflege oder Kontakt-liegen entsteht eine enge Bindung, die den Zusammenhalt in der Gruppe oder zwischen einzelnen Tieren festigt.

Bei der Schnauzenzärtlichkeit nimmt ein Hund den Fang des anderen vorsichtig in seine Schnauze. Es entspricht vielleicht unserem Küssen und ist ein besonders zärtlicher Freundschaftsbeweis.

Pföteln, also das Anstupsen mit der Pfote, kann Betteln, Spielaufforderung oder Beschwichtigungsgeste sein. Es ist ein angeborenes Verhalten, das dem Milchtritt der Welpen am Gesäuge der Mutter entspricht *(siehe Seite 23)*, um den Milchfluss anzuregen. Pföteln ist fast immer eine freundlich-vorsichtige Aktion und wird auch von erwachsenen Hunden als deeskalierendes Verhalten gezeigt.

Aufreiten ist eine normale Verhaltens-weise unter Hunden, die uns Menschen oft peinlich ist. Sowohl Rüden als auch Hündinnen reiten auf. Allerdings sind die Gründe, warum Hunde auf Artgenossen, Gegenstände oder Menschen aufreiten, viel weniger bekannt als die anderer Verhaltensweisen aus dem Bereich der taktilen Kommunikation. Das Aufreiten ge-hört zum Fortpflanzungsverhalten, aber es taucht auch in anderen Zusammenhängen und emotionalen Zuständen auf. Es kann sein, dass der Hund unsicher ist und über das Aufreiten versucht, seine Stärke zu demonstrieren. Oder er ist sehr dominant und möchte durch Aufreiten seine Stel-lung im Rudel klarstellen.

Aufreiten kann auch ein – wie es Etholo-gen nennen – Übersprungverhalten sein. Das bedeutet, es wird gezeigt, weil sich der Hund nicht zwischen miteinander in Konflikt stehenden Emotionen entschei-den kann. Bei einigen Hunden erzeugt ein neuer Besucher im Haus eine Mischung aus Aufregung und Stress, die Aufreiten auslösen kann. Manche Hunde reiten auch aus Langeweile auf. Wie wir vielleicht den Fernseher anschalten, so entwickeln man-che Hunde die Angewohnheit, während ruhiger Phasen des Tages aufzureiten. Vielleicht wollen sie damit Aufmerksam-keit bekommen oder mit dem Verhalten Zugehörigkeit ausdrücken.

Wie dem auch sei, es gibt nicht nur eine einzige Erklärung für das Aufreiten. Klar ist, dass es sich um normales hündisches Verhalten handelt, das nicht zwingend unterbunden werden sollte – es sei denn, es entwickelt sich zu einer zwanghaften Angewohnheit wie übermäßiges Schwanz-jagen *(siehe S. 67)*.

Bodychecks sind negativ gemeinte Körper-kontakte. Springt ein Hund mit der Brust gegen den Körper eines Artgenossen oder rennt sogar in ihn hinein, ist das eine Art Anpöbeln. Oft geschieht dies im Verlauf eines rauen Spiels. Einige Hunde schei-nen diesen groben Umgangston regelrecht zu lieben, andere tolerieren ihn oder weichen lieber aus.

Der Schnauzengriff, mit dem die Hunde-mutter ihren renitenten Nachwuchs zur Ordnung ruft, gehört ebenfalls zu den reg-lementierend gemeinten Körperkontakten. Hunde suchen auch mit uns Menschen immer wieder Körperkontakt. Sie springen an uns hoch oder schmiegen sich an. Trotz aller Zuneigung beantworten wir diese freundliche Kontaktaufnahme nicht immer positiv und wehren den Hund sogar ab. Dabei sollten wir bedenken: Hunde wissen nicht, dass Strümpfe zerreißen und Klei-dung schmutzig werden kann.

Kommunikation
per Duftmarke

Neben dem Einsatz der Körpersprache läuft ein Großteil der Kommunikation unter Hunden über den Geruchssinn. Hunde schnüffeln an anderen Artgenossen und deren Ausscheidungen, um etwas über deren Rang, Alter, Geschlecht und Stimmung zu erfahren. Selbst beim Menschen können sie anhand des Geruchs feststellen, in welcher Stimmung er sich befindet.

Experten sind sich einig, dass Hunde und auch andere Tierarten Sinne besitzen, die über unser Vorstellungsvermögen hinausgehen. Wie Hunde riechen, erfahren Sie auf Seite 27–33.

Vom Wolf hat der Hund seine für die Jagd optimale Nase geerbt. Jagende Hunde müssen zwei Dinge können: den Duft einer Tierart aufspüren, die als Beute infrage kommt, und den individuellen Geruch eines verfolgten Tieres vom Duft anderer, gleichartiger Tiere unterscheiden. Denn jagende Hunde hetzen wie die Wölfe ihre Beutetiere oft so lange, bis diese erschöpft aufgeben und sich kaum noch wehren können. Das geht aber nur, wenn sich die Hunde auf ein einziges Tier konzentrieren. Daher sind alle Hunde von Natur aus in der Lage, die Spur eines einzelnen Tieres zu verfolgen, selbst wenn andere Tiere kreuz und quer darübergelau-

fen sind, ja sogar wenn eine ganze Herde derselben Art diese Spur gekreuzt hat. Zudem ist die Hundenase an Duftnoten angepasst, die das soziale Zusammenleben regeln _(siehe Seite 32)_. Die Rede ist von sogenannten Pheromonen. Darunter versteht man Botenstoffe, die der biochemischen Kommunikation zwischen Lebewesen einer Spezies dienen.

DUFTMARKEN SETZEN

Hunde kommunizieren untereinander vor allem über den Geruch. Sie haben mehrere Möglichkeiten, Duftbotschaften zu senden: über Pheromone in Urin und Kot, aber auch über Sekrete aus Drüsen im Gesicht, oberhalb der Schwanzwurzel oder zwischen den Zehenballen. Markierverhalten zeigen alle Hunde ab einem gewissen Alter, egal, ob Rüde oder Hündin. Selbstsichere Hunde markieren häufiger als eher unterwürfige.

Für Hunde stellen die Pheromone eine Informationsquelle dar, die ihnen Aufschluss über den Status und die Gefühle eines

Wenn Hunde draußen unterwegs sind, haben sie ihre Nase meist am Boden. Schnüffelnd lesen sie, was hier los war.

Zeichen von Selbstbewusstsein: Nach dem Urinabsatz verbreitet dieser Hund durch ausgiebiges Scharren mit den Hinterpfoten seine Botschaften über eine größere Fläche.

Artgenossen gibt. Daher können Hunde aus dem Geruch der »Hinterlassenschaften« viel über andere Hunde erfahren beziehungsweise viel von sich erzählen. Zudem sagt die Höhe, in der sich die Duftmarke zum Beispiel an einem Baumstamm oder Hauseck befindet, etwas über das Aussehen des betreffenden Hundes aus: Je höher, desto größer ist er.

Warum markieren Hunde?

Die »Pipi-Botschaften« wurden inzwischen von einigen Forscherteams verhaltensbiologisch untersucht, und man fand heraus, dass das Markierverhalten der Hunde mehrere Bedeutungen zugleich hat:

Die eigene Visitenkarte präsentieren: Mithilfe einer Markierung können Hunde alle anderen Hunde über ihr Alter, Geschlecht, ihre Stimmung, Fitness und ihren Fruchtbarkeitszustand informieren. Der Zoologe Dr. Udo Gansloßer geht sogar so weit zu sagen, dass der Hund über den Zustand des Abbaus der chemischen Stoffe erriechen kann, wie alt die jeweilige Markierung ist.

Anderen den eigenen Status zeigen: Dazu wird nicht nur Urin abgesetzt, sondern dabei oft auch Imponierverhalten gezeigt, wie Scharren oder aufgestellte Rute.

Die eigene Läufigkeit anzeigen: Am Östrogengehalt im Urin einer läufigen Hündin kann jeder Rüde erkennen, in welcher

Zyklusphase sie sich befindet. Wenn der Eisprung naht, trinken Hündinnen übrigens häufig mehr als sonst und urinieren dementsprechend öfter.

»Das gehört mir«: Durch Markieren eines Gegenstandes kann ein sozial hochstehender Hund anderen verbieten, diesen Gegenstand zu nehmen.

Soziales Markieren: Hunde, die nicht im gleichen Haushalt leben, die sich aber gut verstehen, markieren sich manchmal gegenseitig. Damit drücken sie ihre enge Verbundenheit aus.

Ritualisierte Gruppenmarkierungen im eigenen Revier: Damit sollen Eindringlinge abgeschreckt werden. Die Botschaft lautet: Dieser Ort gehört einer starken Gemeinschaft. Damit wird der Zusammenhalt der Gruppe gestärkt und die Konkurrenz ferngehalten. Diese Art der Markierung kommt bei unseren Familienhunden weniger oft vor, sondern ist eher typisch für Wölfe und verwilderte Haushunde. Fest

steht, dass Hunde ebenso wie Wölfe zum Zentrum ihres Reviers die Markierhäufigkeit steigern.

Beruhigung: Das Markieren kann Hunden helfen, sich in aufregenden Situationen oder bei Unsicherheit selbst zu beruhigen. Vielleicht ein Grund, warum unsichere Tiere ab und an öfter markieren als souveräne. Der eigene vertraute Geruch beruhigt.

Wie markieren Hunde?

Urin absetzen auf »leerer« Stelle: Dadurch hinterlässt der Hund eine Botschaft über sich *(siehe Foto oben, S. 79).*

Markieren über oder neben einer Urinmarke: Dieses Verhalten war das Thema einer kürzlich veröffentlichten Studie von Liesberg und Snowdon. Die Ergebnisse zeigen, dass sowohl kastrierte als auch unkastrierte Hunde regelmäßig über und auch neben die Duftmarken von Artgenossen markieren. Bei den Beobachtungen

INFO

Haben Hunde eine Vorstellung davon, wie sie selbst riechen?

Um das herauszufinden, machte der amerikanische Verhaltensforscher Marc Bekoff einen Versuch. Er versetzte den von seinem eigenen Hund im Schnee abgegebenen Urin in Gebiete, in denen er zuvor noch nie mit ihm spazieren gegangen war. Als er seinen Hund später dorthin mitnahm, stellte er fest, dass dieser an den eigenen Markierungen wesentlich kürzer schnüffelte als an fremden. Der eigene Duft schien ihn weniger zu interessieren. Dieser Versuch zeigt, dass Bekoffs Hund wie vermutlich alle Hunde über eine Art geruchliches Selbstbild verfügt. Dies wird durch Beobachtungen an Wölfen bestätigt, die entlang ihrer Duftspur wieder heimfinden.

in einem Hundepark in Chicago waren beide Geschlechter regelmäßig mit dem Untersuchen und Markieren der vorhandenen Pinkelstellen beschäftigt. Rüden und Hündinnen zeigten das Gegenmarkieren und Untersuchen des Urins mit gleicher Wahrscheinlichkeit, auch Duftmarken von Rüden und Hündinnen wurden mit gleicher Wahrscheinlichkeit gegenmarkiert. Unterschiedliches Markierverhalten gab es indes zwischen Hunden mit hohem und niedrigem Sozialstatus: Rüden und Hündinnen mit höherer Rutenposition urinierten, untersuchten und gegenmarkierten häufiger als gleichgeschlechtliche Hunde mit niedrigrangiger Rutenhaltung.

INFO

Markieren im Kernrevier

Viele Hundehalter meinen irrtümlich, ihr Hund sei nicht ganz stubenrein, wenn er sein Bein an der Couch oder am Esstisch hebt. Dabei ist dieses Verhalten meist schlicht ein in Besitznehmen des Reviers und kann durchaus gemaßregelt werden. Ebenso unangenehm wie peinlich ist das Markieren von Personen, die sogenannte Allomarkierung. Hier gehen die Meinungen auseinander: Die einen deuten es als Dominanzgeste, andere Forscher glauben, dass damit die Zugehörigkeit der markierten Person zur eigenen Gruppe zum Ausdruck kommen soll.

Bei der experimentellen Präsentation von Urin zeigte sich in der Studie außerdem, dass nur nichtkastrierte Rüden bevorzugt den Urin von ebensolchen Hündinnen übermarkieren.

Scharren nach dem Markieren: Dies ist ein beliebtes Ritual, das vor allem Rüden zeigen. Scharren Hunde in Gegenwart von Artgenossen, dann wollen sie imponieren. Doch das Signal soll nicht nur optisch beeindrucken. Durch das Scharren werden die Duftstoffe über ein größeres Gebiet verbreitet und damit mehr Interessierten zugänglich gemacht.

Markieren über Kot: Beim Absetzen von Kot wird das Sekret aus den Analdrüsen mit abgegeben. Es verleiht dem Kot des Tieres einen charakteristischen, individuellen Geruch, der dazu dient, das Revier abzugrenzen oder Paarungsbereitschaft zu signalisieren.

Werden die Analdrüsen nicht regelmäßig entleert und verstopfen, kann es zu gesundheitlichen Problemen kommen, die der Hund durch das sogenannte Schlittenfahren anzeigt.

Markierung als Wegweiser nach Hause

Hunde beriechen häufig nach dem Markieren ihren eigenen Urin. Warum sie das tun, hat der Caniden-Experte Günther Bloch herausgefunden: Junge Wölfe finden immer zum Rendezvous-Platz (dem Kernrevier) zurück, indem sie ihre eigenen Markierungen erschnuppern. Sie prägen sich die Abfolge ihrer Markierungen ein, da sie an jeder routinemäßig noch einmal riechen. Dieses Verhalten ist bei den Haushunden erhalten geblieben.

Pipi-Talk

Hebt Bello sein Bein am Baum, macht er damit einen Aushang am Schwarzen Brett der Gemeinde. In seiner Duftmarke hinterlässt er Angaben über seinen sozialen Rang, sein Alter, Geschlecht und sogar über die Stimmung, in der er sich gerade befindet. Auf erhöhten Objekten hält sich der Duft länger als am Boden. Die Höhe der Urinmarkierung verrät außerdem die ungefähre Größe des Hundes.

Hunde, die an Zaunpfählen, Straßenschildern und Bäumen schnüffeln, lesen die Botschaften ihrer Artgenossen. Dasselbe geschieht, wenn sie sich gegenseitig beriechen. Dadurch machen sie sich miteinander bekannt und tauschen persönliche Informationen aus.

Nun wird die Nachricht »überschrieben«, indem der nächste Rüde wiederum seine Visitenkarte hinterlässt. Auch der Kot des Hundes, stets angereichert mit ein paar Tröpfchen des stark riechenden Sekrets aus den Analdrüsen, enthält wichtige Botschaften und wird von Artgenossen deshalb interessiert beschnüffelt.

Bellen *und*
andere Laute

Hunde haben im Vergleich zum Wolf ein vielfältigeres Repertoire an Lauten. Sie können bellen, knurren, winseln, heulen oder jaulen. Die Fähigkeit, sich laut zu äußern, haben sie im Lauf des Zusammenlebens mit dem Menschen erworben. Durch Zucht wurde die »Gesprächigkeit« zum Teil noch gefördert.

Mit ihren Lautäußerungen unterstreichen Hunde vor allem ihre aktuelle Stimmungslage. Denn wenn sie sich etwas erzählen wollen, dann bellen oder knurren sie selten miteinander. Sie kommunizieren untereinander in erster Linie auf der nonverbalen und geruchlichen Ebene, weniger mit der Stimme. Dennoch hat die Lautsprache gewisse Vorzüge. Im Gegensatz zu optischen Signalen muss der Sender nicht dafür sorgen, dass seine Signale gesehen werden können. Eine Stimme trägt über weite Entfernungen und wird auch dann gut verstanden, wenn Nebel, Dunkelheit oder Gegenstände die Sicht versperren.

TIERLAUTE ODER TIERSPRACHE?

Sprache wird definiert als eine hörbare Bildung sinnvoller Laute und Töne. Daher scheint es uns Menschen normal, Kommunikation mit Reden gleichzusetzen. Hunde sind jedoch außerstande, die Laute der menschlichen Sprache zu bilden. Dazu fehlen ihnen sowohl die anatomischen Voraussetzungen als auch die Fähigkeit, komplex zu denken. Trotzdem gibt es auch bei Hunden »sinnvolle« Lautäußerungen. Hunde, die ein Grundstück bewachen, bellen anders als solche, die eine Spur verfolgen, zum Spielen auffordern, betteln oder jemanden begrüßen.

Gesprächige und ruhige Typen

Wie bei den Menschen kann man auch bei den Hunden schweigsamere und redseligere Individuen und Rassen unterscheiden. So bellen etwa Münsterländer, Pinscher, Zwergpudel oder Terrier viel, während zum Beispiel Basenji oder Bulldogge eher stumm sind. Die Bereitschaft zum Bellen wird vererbt. Jagdhunde wie Dackel und Terrier sowie Wachhunde wie Schnauzer und Spitz wurden auf dieses Merkmal hin selektiert. So kann der Mensch den Terrier im Fuchsbau oder den Beagle auf der Fährte besser orten.

Heulen ist eine Lautäußerung, die nicht bei allen Rassen vorkommt. Nordische Rassen wie Alaskan Malamute zeigen es.

Ursprünglich jagte der Hund wie der Wolf lautlos, da er sonst das Wild vertrieben hätte. Zum Jagdgehilfen des Menschen »aufgestiegen«, züchtete man ihm den Spurlaut an *(siehe Seite 85)*. Allerdings jagen die wenigsten Haushunde noch biologisch funktional *(siehe Seite 158)*.

DIE LAUTSPRACHE DER HUNDE

Nach Günther Bloch bellen auch Wölfe, jedoch seltener als Hunde. Wenn sie alarmiert sind oder ihre Rudelmitglieder auf eine Gefahr aufmerksam machen wollen, können sie mitunter sogar sehr laut bellen. In Baunähe warnen sie ihre Welpen durch ein kurzes Wuffen. Bekanntes Klischee ist der einsam vor der weißen Scheibe des Vollmondes heulende Wolf. Doch die Raubtiere sind nicht mondsüchtig, sondern einzelne Wölfe heulen, um den eigenen Standort bekannt zu geben oder den von anderen abzufragen. Auch kann das Heulen als Appell zum Jagdaufbruch dienen. Das Chorheulen der Wölfe soll den Nachbarn signalisieren, dass in diesem Terrain ein starkes Team wohnt. Denn wenn mehrere Tiere gleichzeitig heulen, wird es schwierig, ein einzelnes herauszuhören und zu bestimmen, wie viele eigentlich zum »Chor« gehören.

Bellen ist die häufigste Lautäußerung von Hunden. Am Gartenzaun bellen sie meistens, weil sie sich als Hüter des Territoriums sehen. Laut und anhaltend bellend warnen sie Fremde, sich dem Revier zu nähern.

Neben bellen können Hunde auch knurren, winseln, jaulen, manche Rassen überdies ausgeprägt heulen.

Bellen

Hunde bellen, um Aufmerksamkeit zu erregen, um vor einer Gefahr zu warnen, aus Furcht, zur Begrüßung, im Spiel oder sogar aus Einsamkeit. Die Bedeutung ergibt sich jeweils aus der Tonlage, der Tondauer und der Wiederholungsrate, also der Frequenz, oder aus dem Kontext. Am Bellen kann man die Stimmung erkennen. Tests ergaben, dass die meisten Hundebesitzer das unterschiedliche Bellen ihres Hundes auch dann unterscheiden und mehr oder weniger richtig deuten können, wenn sie ihn dabei nicht sehen.

Aufgeregt: Dabei werden die einzelnen Töne in schneller Folge wiederholt.

Alarmiert: Der Hund bellt anhaltend in einer höheren Tonlage als beim Verbellen.

Verbellen von Fremden: Der Hund bellt mit sehr tiefer Tonlage anhaltend und sehr vehement. Die tiefen Töne kommen in bedrohlichen Situationen zum Einsatz, um größer und imposanter zu wirken. So drückt der Hund seine Verteidigungsbereitschaft aus.

Nachlassendes Interesse: Die Lücken zwischen den Bellern werden größer.

Isolationsbellen: Es ist höher. Höhere Töne sind wie Bitten und somit unterwürfige Anfragen, keine Drohungen.

Spielbellen: Das Bellen eines Hundes im Spiel ertönt ebenfalls im höheren Frequenzbereich.

Allgemein kann man sagen, dass ein dominanter Hund oder einer, der droht, eher tief bellt; ist er unsicher oder ängstlich,

»Nun wirf doch endlich den Ball!«
Bellend fordert der Vierbeiner seinen
Menschen zum Spielen auf.

klingt das Bellen höher. Je schneller die Abfolge der Belllaute, desto aufgeregter ist der Hund. Gemeinsames Bellen mit Artgenossen kann den sozialen Zusammenhalt stärken. Bellen ist oft ansteckend. Ein einziger bellender Hund kann die Hunde in der ganzen Nachbarschaft zum Mitmachen animieren.

Wuffen: Dies ist eine Vorstufe des Bellens. Dabei hält der Hund das Maul fast komplett geschlossen und die Luft wird kurz und heftig ausgestoßen. Ein Hund, der lediglich wufft statt zu bellen, ist weniger erregt, aber immerhin wachsam.

Hund, der am Zaun bellt, sollte man niemals allein im Garten lassen. Denn dann fühlt er sich erst recht für die Verteidigung des Grundstücks zuständig. Ist der Mensch mit dem Hund im Garten, kann er eingreifen, indem er beispielsweise den Hund zu sich ruft, wenn dieser Verteidigungsbellen zeigt.

Knurren

Das drohende, tief klingende Knurren eines Hundes ist immer ein Warnsignal. Es bedeutet: »Sei vorsichtig!«, »Halte Abstand!« oder »Hau ab!« Es wird stets ritualisiert eingesetzt, um das Verhalten eines anderen Lebewesens zu beeinflussen. Dieses Knurren ist eine Warnung, kein Angriff, aber nicht jedem Angriff geht ein Knurren voraus. Spielt man ein ernst gemeintes Knurren über einen Lautsprecher ab, den man direkt neben einen leckeren Knochen gestellt hat, werden andere Hunde diesen Knochen meiden, selbst wenn kein weiterer Hund zu sehen ist. Kommt dagegen aus dem Lautsprecher spielerisches oder unsicheres Knurren, das gegen Fremde gerichtet ist, holen sich die Hunde den unbewachten Knochen ohne zu zögern. Daran erkennt man, dass Knurren feiner abgestimmt ist als im Allgemeinen angenommen wird. Ein Hund, der beim Tauziehen mit seinem Menschen knurrt, mag Furcht erregend klingen. Dieses Knurren ist aber harmlos im Vergleich zum ernst gemeinten Drohen, wenn es

Bellende Hunde können ziemlich lästig sein. Daher wollen viele Halter ihrem Hund das Bellen abgewöhnen oder mit einem Signal abstellen können. Ein häufiger Ratschlag von Hundetrainern ist, das Bellen einfach zu ignorieren, denn wenn der Hund keinen Erfolg damit hat, wird er es lassen. Das klappt in vielen Fällen aber leider nicht, denn ein Hund, der bellt, kommuniziert. Er hat Bedürfnisse, die er zum Ausdruck bringt. Er sagt vielleicht: »Ich will raus, ich will mit dir spielen!« oder »Ich fühle mich angegriffen oder bedrängt.« Daher ist es effektiver, die eigentliche Ursache zu beseitigen. Fehlt die Ursache, wird der Hund aufhören zu bellen, denn er wurde verstanden. Einen

gilt, etwas Kostbares außerhalb des Spiels zu verteidigen.

Auch Welpen wissen bereits von der Mutter, was Knurren bedeutet. Daher können auch Sie ruhig mal knurren, wenn Ihr Vierbeiner es zu bunt treibt. Diese Lautäußerung von Menschen wird von unseren Hunden meistens verstanden.

Heulen

Hunde bellen zwar weitaus häufiger als Wölfe, dafür heulen sie viel weniger. Und wenn überhaupt, dann nur, wenn sie erwachsen sind. Manche Rassen heulen mehr als andere, etwa die nordischen Rassen wie Husky oder Alaskan Malamute. Wie bei Wölfen gilt auch bei Hunden, dass Heulen den Zusammenhalt der Gruppe stärkt. Daher heulen Hunde meistens dann, wenn sie sich isoliert fühlen. Sie rufen so nach den anderen »Rudelmitgliedern«. Manche Hunde heulen auch beim Klang bestimmter Instrumente oder wenn sie eine Sirene hören. Sie stimmen dann sozusagen ins »Gruppengeheul« mit ein.

Winseln

Ein Hund, der winselt, hat Angst, fühlt sich unwohl, ihm ist langweilig oder er ist einsam. Das Winseln soll den Zuhörer näher heranlocken. Es wirkt also im Gegensatz zum Knurren Distanz vermindernd. Winseln ist außerdem ein Zeichen der Unterwerfung. Die kindlich-klagenden Töne sagen dem anderen: »Ich bin klein, schwach und keine Bedrohung.« Manchmal winseln Hunde auch, wenn sie sehr aufgeregt sind oder etwas einfordern, zum Beispiel Aufmerksamkeit oder einen Spa-

INFO

Spurlaut

Klappern gehört bei einigen Arbeitshunderassen zum Handwerk. Bestimmte Jagdhunderassen wie Bracken und Teckel sind spur- bzw. fährtenlaut. Das heißt, sie verfolgen eine Wildfährte oder ihre Duftspur laut bellend. Das Bellen hat einen besonderen Klang, der sich von normalem Gebell unterscheidet. In der Regel ist der Spurlaut viel heller und mit Jaul- und Heullauten durchsetzt.

Diese angeborene Eigenschaft des Jagdhundes ist für den Jäger von Vorteil, da er am Gebell erkennen kann, in welche Richtung sein Hund läuft. So weiß er, wohin das Wild geflohen ist. Bellt der Hund, so lange er flüchtendes Wild sieht, ist er sichtlaut. Hunde, die bellen, obwohl sie die Spur verloren haben oder die keiner Spur und keinem Wild folgen, nennt man waidlaut. Diese sind damit für die Jagd wenig geeignet und werden von der Zucht ausgeschlossen.

ziergang. Winseln Hunde, um zu manipulieren, sollte man es komplett ignorieren.

Jaulen

Jaulen ist oft eine Kombination aus Winseln und Kläffen. Es wird in erster Linie gegenüber Menschen gezeigt, um deren Verhalten zu beeinflussen. Klagend jault ein Hund, der sich weh getan hat.

Was Sie über
Hundebegegnungen
wissen sollten

Zwischen den verschiedenen Rassen und sogar zwischen einzelnen Individuen gibt es zwar kleine Unterschiede im »Dialekt«, doch grundsätzlich kommunizieren alle Hunde auf dieselbe Art und Weise. Die Themen, über die Hunde miteinander reden, sind neben der Paarungsbereitschaft die Stimmung, der Status und wie man zueinander steht.

Wölfe leben und jagen in strukturierten Gemeinschaften, die von Führungspersönlichkeiten angeleitet werden. Dabei konnte Wolfsforscher Günther Bloch zeigen, dass nicht alles unter Führung der Leittiere stattfinden muss. So beteiligen sie sich oft nicht an Jagdausflügen. Unsere Hunde leben selten in einem gewachsenen Familienverband *(siehe Seite 94)* oder nur mit Artgenossen zusammen. Um Kontakt mit ihresgleichen zu haben und dabei die Regeln der Kommunikation lernen zu können, sind sie auf ihre Menschen angewiesen. Sind sie während der Welpenzeit gut sozialisiert worden, verlaufen Begegnungen mit Artgenossen ritualisiert und friedlich meist nach ähnlichen Mustern ab. Schlecht sozialisierte Hunde unterwerfen sich nicht den normalen Regeln des Kennenlernens, dann kann es sein, dass der Mensch regelnd eingreifen muss.

Befreundete Hunde bekunden ihre Zuneigung häufig, indem sie ihre Köpfe aneinanderreiben.

WIE SICH HUNDE KENNENLERNEN

Hunde, die sich gut kennen, kommen meistens problemlos miteinander zurecht. Anders sieht es aus, wenn sich zwei fremde Hunde das erste Mal begegnen. Da sie keine oder nur wenig Informationen von ihrem Gegenüber haben, beginnen die Hunde Signale per Duft und Körpersprache auszusenden und miteinander zu kommunizieren. Über den Austausch von Botschaften versuchen sie, den anderen einzuschätzen – ähnlich wie Menschen, die ihre Visitenkarten austauschen. In wenigen Augenblicken verrät dem Hund der Geruch des anderen dessen Alter, Status und Stimmungslage.
Ist geklärt, wie man zueinander steht, traben sie friedlich nebeneinander her, eventuell schließt sich ein Spiel an, oder sie trennen sich. Falls sie sich nicht einig werden, wer von beiden der Überlegene ist, bereinigen sie die Situation ritualisiert, und falls keiner dabei nachgibt, auch mit einer kleinen Balgerei.

BEGEGNUNG FREMDER HUNDE

»Meine Villa, mein Auto, mein Boot« – derartige Prestigeobjekte haben Hunde nicht nötig, um einen gewissen Status zu erreichen. Denn unter Hunden ist Status etwas, das man hat oder nicht. Man könnte es auch Selbstsicherheit oder Ausstrahlung nennen. Gerade bei Erstkontakten ist es für Hunde besonders wichtig, Status und Handlungsbereitschaft abzugleichen. Dabei geht es nicht darum, den anderen zu unterwerfen, sondern zu klären, wie man zueinander steht. Dies geschieht durch die Art, wie sich beide Hunde bei

Sammy und ich

Sammy steht dicht neben mir. Sein Rücken ist gekrümmt, die Rute klemmt am Bauch. »Tu den weg da!« beschwören mich seine Augen. Der junge Australian-Shepherd-Rüde hat ihn erst beschnüffelt und dann mittels Verbeugung zu einem Rennspiel aufgefordert. »Los, komm schon. Fang mich doch!« Doch Sammys Antwort war ein stoischer Blick in die andere Richtung und eine angewinkelte Pfote. Nun legt der Shepherd seinen Kopf auf Sammys Rücken, dann eine Pfote. Sammy zieht die Lefzen hoch und knurrt – eine leere Drohung, merkt der Junghund schnell. Ich stelle mich zwischen die beiden und dränge den aufdringlichen Rüden von Sammy weg.

der ersten Begegnung zueinander verhalten. Wie alle Tiere sprechen Hunde eine klare, unmissverständliche Sprache.

Überlegene Hunde

Sie stehen hochaufgerichtet da, heben den Kopf und stellen die Rute auf. Die Ohren zeigen so weit nach vorn und oben, wie es die Physiognomie erlaubt *(siehe Seite 89 oben links)*. Sie ziehen die Lefzen hoch, auch schnappen sie manchmal. Gleichzeitig sträuben sie ihr Rückenfell und fixieren ihr Gegenüber. Manchmal stellen sie sich auch auf die Spitzen ihrer Vorderpfoten und machen ein oder zwei kleine, steife Schritte auf den anderen zu. Damit möchte der Hund ausdrücken: »Ich bin furchtlos, was willst du dagegen machen?« Unter Umständen legt der selbstsichere Hund seine Pfote oder den Kopf auf die Schulter des anderen *(siehe Seite 89 Mitte links)*, um dessen Bewegungsfreiheit einzuschränken und dadurch seiner Überlegenheit noch mehr Ausdruck zu verleihen und sich selbst mehr Freiheiten zu erlauben. Zur Bewegungseinschränkung gehört auch das Umkreisen mit dem Versuch, den unterlegenen Artgenossen zu beschnuppern, sowie die sogenannte T-Stellung, bei der sich der überlegene Hund quer vor den anderen (wie der Balken des »T«) stellt und furchtlos seine Breitseite präsentiert *(siehe Seite 89 Mitte rechts)*.
Aufreiten ist nicht zwangsläufig eine sexuelle Handlung und hat daher nicht immer etwas mit dem Fortpflanzungstrieb zu tun *(siehe Seite 73)*. Ab und an besteigt ein Hund einen anderen, um seine Dominanz zu demonstrieren *(siehe Seite 89 unten*

Die Hunde klären ihren Status (oben links). Der linke Hund dominiert (oben rechts). Der selbstsichere Hund schränkt die Bewegung des unterlegenen ein durch Kopfauflegen (Mitte links) oder die T-Stellung (Mitte rechts). Aufreitend demonstriert der Hund seine Dominanz (unten links). Der linke Hund hat sich unterworfen (unten rechts).

Hier wird eindeutig gezeigt: »So nicht!« (oben). Der Schnauzengriff kann auch eine liebevolle Geste sein (unten).

links). Das Geschlecht spielt dabei keine Rolle. Suchen sich Hunde zum Aufreiten ihren Besitzer aus, kann dies von großer Respektlosigkeit oder Frustration zeugen.

Unterlegene Hunde

Sie verhalten sich zurückhaltender. Wenn sie aufgrund des selbstsicheren Auftretens

des Artgenossen klein beigeben möchten, klemmen sie den Schwanz ein, legen die Ohren an, lecken sich über den Fang und machen sich kleiner *(siehe Seite 89 oben rechts)*. Manche wollen verhindern, dass der andere an ihnen riecht, andere probieren, in geduckter Position an die Schnauze des selbstsicheren Hundes zu kommen, um dessen Mundwinkel zu lecken. Dieses Verhalten stammt aus der Welpenzeit, damit lösten die Kleinen bei der Mutter Fütterverhalten aus. Ihre Subdominanz zeigen diese Hunde, indem sie das Verhalten akzeptieren und keine Gegenwehr leisten *(siehe Seite 89 Mitte rechts, rechter Hund)*. Eine klassische Geste der Unterwerfung ist das Entblößen des Bauchs. Schon ein Welpe lernt, dass ihm nichts mehr passieren kann, wenn er sich auf den Rücken rollt und den anderen gewinnen lässt. Hat ein Hund aufgegeben, wird ihm kein souveräner Artgenosse etwas antun, es sei denn, dessen soziale Kompetenz lässt sehr zu wünschen übrig *(siehe Seite 89 unten rechts)*.

Doch nicht jeder Hund, der sich auf den Rücken legt, unterwirft sich komplett. Selbst auf dem Rücken liegend kann man noch fixieren, treten oder anders provozieren. Ergibt sich der auf dem Boden liegende Hund wirklich, liegt er passiv und still da und wagt nicht, sich auch nur im Geringsten zu bewegen *(siehe Seite 71)*.

Patt-Situation

Zeigt keiner der Hunde Anzeichen von Unterwerfung, kann sich die »Unterhaltung« zu einer handfesten Auseinandersetzung entwickeln. Die beiden Kontrahenten stehen sich knurrend und drohend gegenüber. Eventuell stellen sie sich auf die Hinterbeine und umklammern sich mit den Vorderbeinen. Dabei sind ihre Mäuler mehr oder weniger weit aufgerissen. Doch was heftig aussieht, ist meist – vorausgesetzt, die Sozialisation stimmt, – ein ritualisierter Kampf, bei dem es keine Verletzten gibt. Sobald ein Hund merkt, dass er unterlegen ist, beendet er mit deeskalierenden Gesten die Auseinandersetzung.

Der Schnauzengriff

Der Schnauzengriff, also der Griff mit dem Maul über den Fang des Welpen, gilt als artgerechte Zurechtweisung der Hundemutter ihrem Nachwuchs gegenüber. Entsprechend wird Hundehaltern empfohlen, mit der Hand über den Fang ihres Hundes zu fassen, um erzieherisch auf ihn einzuwirken. In der Literatur wird dieser sogenannte Schnauzengriff jedoch widersprüchlich gesehen. So ist nach dem Zoologen und Verhaltensforscher Erik Zimen der Schnauzengriff eine Form des Sozialkontaktes, der eine ständige Vergewisserung und gegenseitige Bestätigung friedlicher, nicht aggressiver Stimmung zwischen den Rudelmitgliedern darstellt. Demnach kann ein Schnauzengriff also auch eine familiäre Geste sein, die freundschaftliche Beziehungen ausdrückt.

INFO

Chefsache – Souveränität toppt Aggression

Stimmt es wirklich, dass in einer Gruppe von Hunden immer der stärkste das Sagen hat? Diese Feststellung galt – und gilt vielen zum Teil immer noch – als unumstößliches Naturgesetz. Auf dieser Annahme baut das gängige Rudelbild auf mit seiner strengen Hierarchie vom Rudelführer, dem sogenannten Alpha-Tier, an der Spitze und den weiteren Mitgliedern mit absteigendem Rang *(siehe Seite 92–95)*. Doch das stimmt für Hunde schon deswegen nicht, weil manchmal ein kleiner Hund über größere herrscht.

Unter Hunden gilt: Chef ist, wer eine Situation souverän regeln und alles durchsetzen kann, was er durchsetzen will. Besonnenheit und mentale Stärke werden höher geschätzt als Aggression, denn wer ständig aggressiv ist, demonstriert in Wahrheit nur Hilflosigkeit, also das Gegenteil von Überlegenheit. Echte Leittiere haben Verantwortung, also vor allem Pflichten, nicht nur Rechte.

Der Canidenforscher Günther Bloch konnte allerdings beobachten, dass zumindest bei Wolfswelpen schon ab der sechsten Woche der ranghöchste und der rangniedrigste feststehen. Die Fähigkeit zu führen ist also weitgehend angeboren.

DIE DOMINANZTHEORIE

Diese Theorie entstand um 1920, als der norwegische Wissenschaftler Thorleif Schjelderup-Ebbe als Erster die Hackordnung bei Hühnern beobachtete und in seiner Dissertation beschrieb. Ihm fiel auf, dass die Hühner in der Konkurrenz um das Futter nach einem bestimmten Muster aufeinander einhackten, wobei das ranghöchste Huhn (Alpha-Huhn) alle anderen am Futternapf verjagte, während das rangniedrigste (Omega-Huhn) von allen anderen verjagt wurde. Die restlichen Hühner hatten in dieser Rangordnung ihren festen Platz zwischen den beiden Extremen. Die ranghöheren Hühner erlangen so Vorteile nicht nur beim Fressen,

sondern auch bei der Verteilung der besten Ruheplätze. Seit Schjelderup-Ebbes Studien an den Hühnern sind Hierarchien im Tierreich vielfach dokumentiert. Ranghöhere Wespen müssen weniger arbeiten, dürfen mehr eigene Eier legen und sich intensiver um die eigene Brut kümmern. Bei Affen konnte nachgewiesen werden, dass nicht allein Körperkraft für den Rang in der Gruppe verantwortlich ist, sondern darüber hinaus auch psychische Stärken wie Wagemut eine Rolle spielen.

Dominanz gleich Aggression?

Weiter verfestigt und schließlich auch auf die Mensch-Hund-Beziehung übertragen, wurde die Dominanztheorie in den 1960er-Jahren durch Beobachtungen an Gehegewölfen. Während ein Wolfsrudel in der freien Natur ein gewachsener Familienverband ist, kamen in den Gehegen Tiere aus unterschiedlichen Aufzuchten zusammen, außerdem war Abwandern der Jungwölfe – aufgrund der Gefangenschaft – nicht möglich. In dieser künstlich geschaffenen Situation zeigten viele Tiere ein hohes Aggressionspotenzial, und es entwickelte sich eine starre lineare Hierarchie, die vergleichbar mit der Hackordnung auf dem Hühnerhof war.
Die damaligen Forscher fühlten sich bestätigt, und fortan prägten die Beobach-

Körpergröße ist für den Rang eines Hundes nicht unbedingt ausschlaggebend.

INFO

Formen sozialer Dominanz

Individuen können sich in verschiedenen Bereichen dominieren. Das überlegene Tier kann den Zugang zu Ressourcen wie Futter und potenziellen oder tatsächlichen Sexualpartnern für sich beanspruchen sowie über Territorium, Ruhe- oder Schlafbereiche oder den Ort in der Gruppe, der gegenüber Feinden am besten abgesichert ist, bestimmen. Es kann außerdem den Bewegungsspielraum anderer Individuen einschränken und deren Aufmerksamkeit einfordern. Gegenseitige Hilfe und soziale Unterstützung sind dennoch selbstverständlich.

tungen an den Gehegewölfen die Mensch-Hund-Beziehung. Ausgehend vom Verhalten der gefangenen Wölfe wurde auch dem Hund eine hohe Aggressionsbereitschaft unterstellt, und Generationen von Hundetrainern erklärten Verhaltensprobleme mit Fehlern in der Rangordnung.

Sie forderten ihre Kunden auf, den Hund mehr zu dominieren, weil dieser sonst versuchen würde, die Alpha-Rolle zu übernehmen, um auf der Rangskala nach oben zu klettern, und Ressourcen zu beanspruchen. Programme wurden entwickelt, damit der Mensch dem Hund gegenüber die Position des »Alpha-Wolfs« demonstriert. Regeln, wie zuerst durch die Tür zu gehen, den Hund nie zuerst fressen zu lassen, ihn beim Spielen nie gewinnen zu lassen und ihm keine erhöhte Liegeposition zuzugestehen, sind die Folge davon.

Inzwischen hat es sich allgemein herumgesprochen, dass sich allein auf diesen Formalien keine wirkliche Autorität begründet. Ein Hund, der zuerst durch eine Tür geht oder erhöht sitzt, tut dies nicht, um seinen Besitzer zu dominieren. Er tut es, weil man ihn lässt.

Sind Regeln notwendig?

Obwohl manche Anhänger sanfter Hundeerziehung heutzutage sogar bestreiten, dass Dominanz in Beziehungen unter Hunden überhaupt eine Rolle spielt, lässt sie sich im Sozialgefüge von Tieren nicht wirklich wegdiskutieren. Nach Marc Bekoff, Verhaltensbiologe und Professor an der Universität von Boulder, Colorado, ist das Konzept von Dominanz ein Faktum, auch wenn es oft missverstanden oder missbraucht wird. Lebewesen, menschliche wie nichtmenschliche, dominieren einander auf verschiedene Weise. Sie üben Dominanz oder Kontrolle über andere in unterschiedlichen Bereichen aus.

Jede Gruppe, egal, ob Familie, Rudel, Herde, Schulklasse oder Unternehmen, braucht eine gewisse Struktur. Regeln und Strukturen entlasten jedes einzelne Gruppenmitglied und reduzieren Stress. Wer sich einmal in einer fremden Gemeinschaft bewegen musste, ohne deren Gepflogenheiten zu kennen, weiß, wie anstrengend das ist. Auch in einer Mensch-Hund-Beziehung müssen Regeln aufgestellt werden, die die Bedürfnisse

INFO

Was ist ein Rudel?

Im Zusammenhang mit Hunden verwenden wir Laien umgangssprachlich häufig den Begriff Rudel. Das ist wissenschaftlich gesehen nicht korrekt. Ein Rudel ist biologisch betrachtet ein gewachsener Familienverband und streng hierarchisch geordnet. Hunde dagegen sind familienorientierte Soziallebewesen. Außer beim Züchter leben unsere Hunde nur selten in gewachsenen Familienstrukturen, sondern – wie es bei Mehrhundehaltung meistens der Fall ist – in Gruppen, die der Mensch zusammengestellt hat.

aller Beteiligten berücksichtigen. Und es muss jemand für die Einhaltung dieser Regeln sorgen. Ob dieser Jemand Alpha, Chef, Rudelführer oder Eltern heißt, ist egal. Gemeint ist dasselbe. Wer die Chefposition innehat, trägt Verantwortung. Ein guter Anführer verhält sich weder rücksichtslos noch aggressiv, sondern ist souverän, fürsorglich und klug.

Wölfe wie Hunde sind es gewohnt, in einer Familienstruktur zu leben, daher ist ihr Sozialverhalten dem von uns Menschen so ähnlich. Hinzu kommt, dass die Domestikation Hundeverhalten so verändert hat, dass Hunde eine noch größere Tendenz besitzen als Wölfe, sich sozial anzupassen. Nicht zuletzt deswegen sind viele Forscher der Meinung, statt über »überlegene« und »unterlegene« Individuen über eine »Leitfigur« oder über eine »Elternrolle« zu diskutieren. Eltern können streng und bestimmend sein oder auch nicht. In jedem Fall sind sie federführend, also dominant.

Situationsbedingte Dominanz

Wir wissen heute, dass Löwen, Elefanten, Zebras oder Wölfe zwar in Gruppen leben, das Verhältnis der einzelnen Mitglieder untereinander jedoch variabel sein kann. Gerade bei Wölfen sind soziale Interaktionen sehr flexibel und niemals statisch. Das heißt, es gibt zwar Leittiere, die aufgrund ihrer Souveränität dominant sind, doch sie machen nicht immer ihren Führungsanspruch geltend. Daher kann es auch im Zusammenleben zwischen

Unter Hunden, die in einer Gruppe leben, sind die Positionen meist verteilt. Dennoch beharrt der dominante Hund nicht stets darauf, zum Beispiel ein Spielzeug zu bekommen. Er nimmt es von Zeit zu Zeit hin, dass dies ein rangniederer Hund beansprucht.

Mensch und Hund durch das Phänomen der situationsbedingten Dominanz kompliziert werden. Das bedeutet, dass das ranghöhere Individuum in gewissen Situationen akzeptiert, dass der Rangniedere, den er in anderen Kontexten dominiert, ihm gegenüber zum Beispiel sein Futter verteidigt oder ihn in gewissen Situationen ignoriert. Ein Rangtiefer hat eben nicht nur das Recht zum Protest, sondern dies wird vom Ranghöheren – zumindest in der Natur – durchaus oft akzeptiert. Das heißt, der Ranghohe kann, muss aber nicht seine Interessen jederzeit durchsetzen.

Das ist im Wesentlichen eine Frage des Einfühlungsvermögens, also der Empathie. Die Waage aus Respekt und Vertrauen sollte generell im Gleichgewicht sein, denn eine gute Beziehung ist immer ein Geben und Nehmen. Ein Gleichgewicht ist kein statischer Zustand, sondern muss ständig gefunden und ausbalanciert werden. Daher ist der Führungsanspruch, den der Mensch per se für sich einfordert, eigentlich unrealistisch. Eine Beziehung ist dann im Gleichgewicht, wenn die Ausschläge zu beiden Seiten der Beziehungswaage möglichst gering sind.

Starke *Gefühle:*
Angst und Aggression

Immer wieder kann es zu Konflikten kommen, wenn Hunde eine Ressource bedroht sehen, die ihnen wichtig ist – beispielsweise Nahrung, ein Spielzeug oder Territorium. Auch der Sozialpartner Mensch kann eine wichtige Ressource sein. Angst empfinden Hunde bei Überforderung, wenn ein Reiz oder eine Situation als gefährlich eingestuft wird, oder wenn eine Situation gar nicht erst bewertet und damit eingeschätzt werden kann.

Aggression ist ebenso wie Angst ein normales und notwendiges Gefühl und gehört zum Leben dazu. Hunde kennen sie wie wir. Ohne diese Verhaltensweisen könnte sich keine soziale Gruppe organisieren und verbindliche Strukturen schaffen. Aggression wird erst zum Problem, wenn sie nicht zur Situation passt oder der Hund unangemessen heftig reagiert. Fachleute sind sich mittlerweile einig, dass nicht die Rasse einen Hund gefährlich macht, sondern Fehler in der Erziehung. Angst kann krankhaft werden, wenn die Gefahr einer Bedrohung dauerhaft massiv überschätzt wird oder die Angst ohne konkrete Gefahr auftritt. Hat der Hund Angst vor einem anderen Hund oder einem Gegenstand, müsste man streng genommen sagen, er fürchtet sich, denn Furcht ist im Gegensatz zur Angst objektbezogen.

Dieser Hund hat Angst, droht aber trotzdem, kenntlich daran, dass er in Richtung der Gefahr schaut.

ANGST BEIM HUND

Hunde sind – zumindest für andere Hunde – auch in ihrem Angstverhalten leicht zu durchschauen. Sie können zwar Strategien entwickeln, die etwas anderes vortäuschen sollen, jedoch wird das von Artgenossen meist schnell erkannt.
Einen ängstlichen Hund kann man leicht mit einem unterwürfigen Hund verwechseln. Wie dieser macht er sich kleiner, indem er sich duckt, in den Hinterbeinen einknickt. Die ganze Körperhaltung weist eher nach hinten, nach dem Motto: »Bitte tu mir nichts, ich bin gar nicht da.« Manche Hunde hecheln dabei, auch wenn ihnen nicht warm ist. Die Ohren sind in dieser Situation leicht zurückgelegt und zeigen nach hinten. Manchmal wird der Blick abgewendet. Den Schwanz halten sie meist unterhalb der Waagerechten, die Schwanzspitze zuckt oder wedelt leicht. Je stärker die Angst ist, desto mehr pressen sie die Ohren fest an den Kopf, klemmen die Rute ganz unter den Körper

Nicht jeder Kontakt ist erwünscht. Verängstigt drückt sich dieser Hund schutzsuchend gegen das Bein seines Besitzers.

und wenden gewöhnlich den Blick von der Angstquelle ab. Die Pupillen sind verengt, manchmal schließen die Hunde bei dem Versuch, mit der Situation fertig zu werden, auch ganz die Augen. Meist ist der Fang ebenfalls geschlossen. Die Haut auf der Nase ist unter Umständen gekräuselt, die Mundwinkel sind angespannt und lang nach hinten und unten gezogen.

Die Ruten- und Ohrstellung zeigen, dass sich der rechte Hund angesichts des lauernden Artgenossen unsicher fühlt.

Ängstliches Drohen: Manchmal befinden sich Hunde in Situationen, in denen sie zwar Angst haben, jedoch meinen, etwas beschützen zu müssen – sich selbst, Menschen oder Besitz – und sich dann trotz ihrer Angst der Bedrohung stellen wollen. Wenn das geschieht, vermittelt ihre Körpersprache sowohl Angst als auch Aggression.

Die Körpersprache des abwehrdrohenden Hundes unterscheidet sich deutlich von der eines selbstsicheren aggressiven Hundes: Er ist immer noch in der geduckten Haltung, blickt jetzt allerdings in Richtung der Gefahr. Manche reißen die Augen weit auf. Die Ohren sind angelegt oder bewegen sich abwechselnd nach hinten und vorn, ein Zeichen ihrer widersprüchlichen Gefühle. Zudem fletscht der Hund die Zähne, legt den Nasenrücken in Falten und sträubt die Rückenhaare, macht sich also gleichzeitig kleiner und größer – alles Zeichen für Aggression. Aus dieser Stresssituation heraus kann ein Hund plötzlich zubeißen.

AGGRESSION

Hunde, die aggressiv in die Offensive gehen, richten sich mit ihrem ganzen Körper auf und bewegen sich vorwärts, um stärker und eindrucksvoller zu wirken. Sie beugen sich auf den Pfotenspitzen vor und sträuben ihr Fell, wodurch sie ein Stückchen größer erscheinen. Die gesträubte Rute halten sie hoch aufgerichtet. Die aufgestellten Ohren zeigen nach vorn. Unter Umständen knurren sie, ziehen die Nase kraus, die Mundwinkel nach vorn und fletschen die Zähne. Sie schieben den Kopf nach oben und vorn und starren ihr Gegenüber mit direktem und unerbittlichem Blick unerschrocken an, um zu zeigen, dass sie die Herausforderung annehmen. Außerdem spreizen sie die Hinterbeine, damit sie bei Bedarf schnell hochspringen und kämpfen können.

DEESKALATION

Sozial veranlagte Tiere wie Hunde haben viele Verhaltensweisen entwickelt, um Streitigkeiten ritualisiert beilegen zu können. Denn niemandem ist daran gelegen, sich im Kampf unnötig zu verletzen. Beschwichtigende und beruhigende Gesten sollen der Entspannung einer Situation dienen und Friedfertigkeit vermitteln. Sie unterscheiden sich jedoch je nach Status des Hundes, der diese Verhaltensweisen zeigt.

Beschwichtigung: Sie wird von unten nach oben gezeigt, also von unsicheren oder rangniederen Hunden gegenüber sicheren und statushöheren, häufig in Verbindung mit Demutsgesten.

Beruhigungssignale: Sie werden umgekehrt von selbstsicheren oder ranghöheren

Ein Hund, der unerschrocken verteidigt, zeigt dabei keine Ängstlichkeit. Seine Augen blicken dem Gegenüber fest ins Gesicht, die Rute ist hoch erhoben, die Maulspalte c-förmig rund und kurz.

In dieser Szene scheint es, als ob der am Boden liegende Hund beschwichtigendes Verhalten zeigt. Da sich die Rollen sehr schnell ändern können, kann man daraus die tatsächlichen Statusverhältnisse der Hunde nicht herauslesen.

Hunden unsicheren Artgenossen gegenüber gezeigt. Sie tun deren friedliche Absicht kund, aber ohne demütig zu sein. Die beiden Begriffe Beschwichtigungssignale und Beruhigungssignale werden immer wieder verwechselt, sinnwidrig übersetzt oder falsch interpretiert.

Beschwichtigungssignale

Dies sind Demutsgebärden, die eingesetzt werden, um Konflikte abzubauen und Spannungen im Rudel zu vermeiden. Sie sollen aggressives oder bedrohlich wirkendes Verhalten des Gegenübers abmildern oder verhindern. Die norwegische Hundetrainerin Turid Rugaas hat diese

Signale zwar nicht entdeckt, aber durch ihr Buch *Calming Signals* bekannt gemacht. Beschwichtigende Signale werden nicht nur Artgenossen, sondern auch Menschen gegenüber gezeigt. Umstritten ist, wie wir sie interpretieren und beantworten sollen. Signale, die beschwichtigend aussehen, können je nach Kontext eine völlig andere Bedeutung haben. So gähnen Hunde, wenn sie müde sind, lecken sich die Nase nach dem Fressen oder kratzen sich bei Juckreiz. Es handelt sich hier um sogenannte doppelt belegte Signale, die situationsabhängig unterschiedliche Zielsetzungen haben können. Laut Turid Rugaas können sie sich nicht nur an ein Gegenüber wenden, sondern auch dem

Stressabbau, also der eigenen Beruhigung dienen. Einer der Hauptkritiker der Untersuchungen von Turid Rugaas ist Caniden-Forscher Günther Bloch. Seiner Meinung nach bedarf es einer genauen Unterscheidung zwischen Beschwichtigung, Beruhigung und Übersprunghandlungen, um beschwichtigendes Verhalten präzise darzustellen, weil sonst beschwichtigendes Verhalten auch dort gesehen wird, wo es gar nichts zu beschwichtigen gibt. Verhaltensforscher wie Erik Zimen und Dorit Feddersen-Petersen beschreiben zum Beispiel die folgenden fünf Beschwichtigungssignale:

- pföteln oder die Pfote heben
- die eigene oder die Schnauze des Gegenübers belecken
- sich klein machen, also hinlegen, auf den Rücken legen und so den Bauch präsentieren oder kriechen
- Demutsgesicht, das heißt Ohren zur Seite fallen lassen, Mundwinkel lang ziehen, Mimik entspannen
- Blickkontaktvermeidung

Darüber hinaus kann man noch weitere Beschwichtigungssignale feststellen. Dazu gehören Gähnen, den Kopf abwenden, sich mit dem ganzen Körper abwenden, Züngeln, auf dem Boden schnüffeln (ohne erkennbaren Grund), sich kratzen, die Augen zusammenkneifen, erstarren/einfrieren, betont langsame Bewegungen, den Vorderkörper tief stellen und sich strecken oder sich hinsetzen oder hinlegen.

Beruhigungssignale

Im Unterschied zur Beschwichtigung funktioniert Beruhigung, wie auf Seite 99

gesagt, vom ranghohen zum rangniederen Hund. Sie signalisiert einem ängstlichen Hund: »Von mir oder anderen geht keine Gefahr aus.« Hier einige Beispiele:
- demonstratives Desinteresse an »erschreckenden« Erscheinungen
- Vermeiden von direktem Blickkontakt, um unsichere Hunde nicht noch mehr zu beunruhigen
- den Körper zur Seite wenden
- im Bogen gehen

INFO

Übersprunghandlungen

An einigen Signalen ihrer Körpersprache kann man erkennen, wie Hunde in Konfliktsituationen Stress abbauen. Sie zeigen sogenannte Übersprunghandlungen. Diese scheinen nichts mit dem zu tun zu haben, was gerade geschieht, und sind mit einem abrupten Themenwechsel bei einem Gespräch vergleichbar, den wir Menschen zum Beispiel dann herbeiführen, wenn uns etwas unangenehm ist oder Streit droht. Hunde beruhigen sich dann oft damit, dass sie gähnen, mit der Zunge schnalzen, sich schütteln, schnüffeln, sich kratzen, Gras fressen oder plötzlich wild hopsen oder rennen. Ob das gezeigte Verhalten eine Übersprunghandlung ist, jemanden beschwichtigen soll oder einfach eine körperliche Reaktion ist, lässt sich nur aus dem Zusammenhang richtig interpretieren.

Den Kontrahenten fixierend und mit angehobenen Lefzen, wobei die Zähne sichtbar werden, sagt der rechte Hund: »Stopp! Bis hier her und keinen Schritt weiter!«

Abbruchsignale

Im Umgang mit Artgenossen und anderen Lebewesen bedient sich jedes Tier sogenannter Abbruchsignale, um sich gegen Übergriffe zur Wehr zu setzen. Je unangenehmer einem Hund eine Situation ist, desto massiver werden seine Signale ausfallen. Abbruchsignale haben eine ausgesprochen wichtige Funktion. Sie sollen ähnlich dem Beschwichtigungs- und Beruhigungsverhalten Konflikte beenden oder gar nicht erst entstehen lassen. Sie dienen dem sozialen Lernen, indem die Hunde sich gegenseitig klar machen, womit sie einverstanden sind und womit nicht. Jede soziale Gruppe ist darauf angewiesen, dass ihre Mitglieder friedlich kooperieren und dass dadurch unnötiger Streit oder Aggression vermieden wird. Je besser das klappt, desto besser funktioniert die Gruppe.

Sozialen Frieden herstellen

Abbruchsignale erhalten also den sozialen Frieden. Hunde wissen instinktiv, wann sie Abbruchsignale einsetzen müssen. Hunde sagen »Stopp! Es reicht!«, indem sie
- den anderen fixieren
- die Stirn runzeln
- die Lefzen anheben
- die vorderen Zähne zeigen
- Leer- oder Abwehrschnappen zeigen

Erst wenn diese Warnungen nicht beachtet werden, folgen massive Abbruchhandlungen ähnlich aggressivem Verhalten, wie

- Bewegungseinschränkungen
- den anderen Hund bedrängen
- ihn rempeln oder stoßen
- ihn ins Fell zwicken
- Schnauzengriff (von erwachsenen Hunden gegenüber jungen)
- den anderen auf den Boden drücken

Grenzen setzen und anschließende Versöhnungsgesten sind dabei eng miteinander verzahnt. Obwohl Abbruchsignale zum üblichen Verhaltensrepertoire gehören, wird unter Hundehaltern und -experten viel darüber gestritten, ob wir Menschen ebenfalls rempeln, zwicken und stoßen sollten, um unsere Hunde zu maßregeln. Viele sind der Meinung, Abbruchhandlungen würden das Vertrauen des Hundes in seinen Halter erschüttern. Doch Abbruchsignale dürfen nicht mit Chef-Allüren verwechselt werden. Richtig angewendet und kombiniert mit einer liebevollen inneren Haltung, verhindert punktuelles Grenzensetzen Hemmungslosigkeit und etabliert notwendige Benimmregeln.

Sozialspiele sind unerlässlich

Insbesondere Welpen verhalten sich – menschlich ausgedrückt – oft hemmungslos und egoistisch. Unbeherrschtes Beißen, Zwicken und Rempeln gehört zum Spielen erst mal dazu. Den Sinn und Zweck von Fair Play und gegenseitiger Rücksichtnahme müssen junge Hunde erst lernen, um später als Erwachsene anpassungsfähig zu sein. Durch Beobachten, Nachahmen und Spielen üben sie, Regeln einzuhalten und auf die Bedürfnisse der anderen zu achten. Funktioniert etwas nicht, wird sofort korrigiert, und zwar mit Hilfe des Körperausdrucks, der Schnauze, der Zähne und der Pfoten.

Auch unter erwachsenen, gut sozialisierten Hunden ist die Kommunikation nicht immer sanft und liebevoll, aber unter gesunden Tieren stets angemessen, klar und deutlich. Das Miteinander in der Gruppe ist einfach geregelt: Unmissverständlich, manchmal laut und hin und wieder auch schmerzhaft sagen Hunde: »So nicht!« Ein Hund, der weiß, dass er durch das Befolgen eines Abbruchsignals Stress vermeiden kann, lebt entspannter. Wer in der Welpen- und Junghundezeit einübt, nicht immer den eigenen Kopf durchzusetzen, sondern auch mal klein beigibt, um den sozialen Frieden zu erhalten, ist als erwachsener Hund konfliktfähig und kann mit Stress und Frust besser umgehen.

Erziehungs–TIPP

Machen Sie's wie die Welpen

Wenn ein Welpe einen anderen zu heftig beißt, winselt das Opfer, um den Angreifer wissen zu lassen, dass er zu weit gegangen ist. Dadurch lernen Welpen schnell, sich zurückzunehmen. Daher der Hinweis: Jaulen Sie ruhig laut auf, wie es ein anderer Welpe tun würde, wenn Ihr Junghund Sie im Spiel zwickt. Das ist oft wirkungsvoller als ein Hörzeichen wie »Aus« zu benutzen.

Erziehungs–TIPP

HUNDEBEGEGNUNGEN BEIM SPAZIERGANG

Laufen zwei angeleinte Hunde frontal aufeinander zu, kann selbst der friedlichste Vertreter seiner Rasse zum Raufer mutieren. Denn aus der Sicht des Hundes wirkt es wie eine Provokation sich auf direktem Weg zu begegnen, ohne dabei einen Bogen zu schlagen. Sind dann die Besitzer noch unsicher und verlangsamen womöglich ihren Schritt, ist das Duell auf offener Straße vorprogrammiert.

So verhindern Sie Streit

Falls die Möglichkeit besteht auszuweichen, tun Sie das ruhig. Gehen Sie ein Stück weit auf die Wiese, ins Feld oder wechseln Sie die Straßenseite. Schon ein paar Meter Zwischenraum signalisieren: »Ich will Dir nicht zu Nahe kommen, sondern respektiere Deine Individualdistanz.« Falls Ihr Hund den anderen dennoch fixiert oder anderweitig bedroht, sollten Sie dieses Verhalten mit einem »Lass das!« unterbrechen und zügig weitergehen. Egal welches Abbruchsignal Sie benutzen, der Hund sollte danach eine devote Körperhaltung annehmen und somit zeigen, dass er Ihre Aufforderung verstanden hat und sie respektiert. Wer devot ist, kann außerdem nicht gleichzeitig drohen. Auch ein »Sitz« oder »Platz« kann helfen, die Situation zu entschärfen. Denn wer sitzt oder liegt wirkt weniger bedrohlich als jemand der sich imponierend aufrichtet oder sich lauernd nähert.

Lässt sich eine Begegnung auf engem Raum dennoch nicht vermeiden, können Sie die Situation entschärfen indem Sie selbst eine optische Barriere bilden und verhindern, dass die Rivalen unmittelbar aneinander vorbeigehen müssen. Nähert sich ein fremder Hund auf der linken Seite, führen Sie Ihren Hund ganz einfach rechts. Kommt Ihnen ein Hund auf der rechten Seite entgegen, lassen Sie Ihren Hund links von sich laufen. So befindet sich mindestens ein Mensch zwischen den Hunden und blockiert die Sicht.

Leinenregeln

Kommt Ihnen ein fremder Hund an der Leine entgegen, sollten Sie den eigenen Hund stets anleinen. Viele erwachsene Hunde ab drei Jahre legen nicht immer Wert darauf, mit fremden Hunden Bekanntschaft zu schließen. Nach Absprache mit dem Besitzer können die Hunde gegebenenfalls abgeleint werden und Kontakt aufnehmen. Verträgt sich der eigene Hund problemlos mit Artgenossen, kann er im Freilauf andere freilaufende Hunde treffen. Ist Ihr Hund sehr klein, sollten Sie jedoch immer darauf achten, dass die fremden Hunde sich entspannt und friedlich nähern. Chihuahua & Co. können leicht zur Beute werden.

Raufbolde trennen

Sollte sich trotz aller Vorsicht eine Rauferei nicht verhindern lassen, ist es wichtig besonnen zu reagieren. Wenn Sie schreien oder sogar auf die Kontrahenten einschla-

So nah aneinander vorbeizugehen, ist für viele Hunde schwierig und kann zu aggressivem Verhalten führen (links). Besser ist es, wenn zumindest einer der Halter zwischen den Hunden geht, wenn sie sich auf gleicher Höhe befinden (recht).

gen, befeuern Sie nur eine ohnehin schon energiegeladene Situation. Manchmal hilft es, einem der Hunde eine Jacke oder einen Mantel über den Kopf zu werfen um sie in dem Augenblick der Verwirrung zu trennen. Doch das ist nicht ungefährlich. Eine andere Möglichkeit ist, sich bei einer Rauferei sofort und zielstrebig vom Ort des Geschehens zu entfernen. Ohne den Besitzer im Rücken verlässt viele Hunde schnell der Mut und sie haben einen Grund sich aus dem Konflikt zurückzuziehen ohne dabei »ihr Gesicht zu verlieren« nach dem Motto: »Ich würde mich ja gerne mit Dir

prügeln, habe aber leider keine Zeit, da mein Mensch schon weitergegangen ist.« Das fällt vielen Hundehaltern zwar sehr schwer, ist aber äußerst wirksam.

Wenn wieder Ruhe herrscht

Nach einer Beißerei sollten Sie in jedem Fall die Kontaktdaten mit den anderen Besitzern austauschen, auch wenn erst mal keiner der beteiligten Hunde verletzt zu sein scheint. Denn auch das menschliche Miteinander ist wichtig. Schließlich ist keinem geholfen, wenn sich auch noch die Hundebesitzer in die Haare geraten.

Hunde
kommunizieren spielend

Glaubt man dem niederländischen Kulturanthropologen Johan Huizinga, ist Spiel eine freiwillige Handlung oder Beschäftigung, die innerhalb gewisser festgesetzter Grenzen verrichtet wird und ihr Ziel in sich selber hat. Wichtig sind bindende Regeln, denen sich alle Mitspielenden freiwillig unterordnen. Außerdem verspricht Spielen Spaß und bedeutet eine Auszeit vom Alltag.

Menschen und Tiere spielen, manche mehr, manche weniger. Biologisch betrachtet ist Spiel also ein wichtiges Verhalten. Aber wozu ist das Toben, Rennen und Raufen eigentlich gut? Im Kindesalter ist Spielen für Zwei- wie Vierbeiner wichtig für die Entwicklung. Es schult geistige, körperliche und soziale Fähigkeiten. Die Spieler können ihre sozialen Grenzen und ihre Fertigkeiten testen, ohne dass dies gleich ernsthafte Konsequenzen hat. Am beliebtesten bei Welpen und Junghunden sind Kampfspiele. Die Kleinen üben, wie stark sie zubeißen können, bis es weh tut. Sie proben, wie man sich verhalten muss, um möglichst gefährlich auszusehen oder wie man einen Streit friedlich beilegt. Das Spiel wird genutzt, um sich gegenseitig zu erforschen und sich selbst auszuprobieren. Doch bis heute bleibt die Frage offen, warum Hunde und andere Le-

bewesen auch als Erwachsene so viel und vielseitig spielen. Schließlich kann man sich bei rabiaten Spielen leicht verletzen. Wenn sich Tiere trotzdem fürs Spielen entscheiden, muss es ihnen biologisch gesehen enorme Vorteile bringen. Eine Antwort lautet: Neben körperlichem Training scheint es den Tieren schlicht und einfach Freude zu bereiten.

»LASS UNS SPIELEN!«

Fordert ein Hund einen Artgenossen zum Spielen auf, setzt er ein Spielgesicht auf, »grinst« mit leicht geöffnetem Fang und wedelt mit der Rute. Vielleicht legt er auch spielerisch den Kopf auf die Vorderpfoten, um sich dann wieder aufzurichten und so zu tun, als wolle er weglaufen. Er gibt sich Mühe, den anderen zu einem Renn- oder Kampfspiel zu animieren. Übertriebene Bewegungen sind ein weiteres Merkmal des Spielens. Sie sollen Missverständnissen vorbeugen und klar stellen: Wir tun nur so, als ob, auch wenn wir die Zähne fletschen und unsere Mäuler

Überlegenheitsgeste des linken Hundes oder spielerische Rangelei? Die nächsten Aktionen beantworten die Frage.

Diese freundliche Aufforderung zum Spiel versteht jeder Artgenosse.

weit aufreißen, knurren und bellen. Doch die Laute klingen melodischer als beim drohenden Bellen und Knurren. Ständig wechselt der Ausdruck der Hunde. Und immer wieder besagt der »play bow«, die Vorderkörpertiefstellung: Es wird gespielt. Hat ein Hund genug gespielt, fängt er an, seinen Spielkameraden zu ignorieren. Ist der andere damit nicht einverstanden, zieht er eine Lefze nach oben, knurrt oder schnappt sogar nach seinem Kameraden. Sobald der Spielpartner das Spielende akzeptiert, ist die Stimmung wieder neutral.

Spielen mit Regeln

Damit es fair zugeht, gelten auch beim Spielen feste Regeln. Eine der wichtigsten ist der Rollentausch. Das bedeutet, dass jeder einmal Jäger oder Gejagter sein darf, damit ein Spiel ausgeglichen ist. Mal ist der eine überlegen, mal der andere, und zwar unabhängig vom sozialen Status der Tiere. Diese Regel wird in der Verhaltens-biologie die 50:50-Regel genannt.

Spielstile

Fest steht, Hunde spielen anders als Wölfe. Und selbst die einzelnen Hunderassen haben unterschiedliche Spielstile. Hüte- und Treibhunderassen wie Border Collie, Cattle Dog und Australian Shepherd umkreisen gern ihren Spielpartner und beißen ihn auch mal in die Hacken. Sogenannte Bullenrassen wie Boxer, Rottweiler oder Bullterrier spielen am liebsten körperbetont. Rammen, Niederdrücken und Maulringen gehören für sie zum Toben dazu. Schnelle Hunde wie Podenco, Windspiel oder Dalmatiner lieben Rennspiele. Die Spielvorlieben der unterschiedlichen Rassen zeigen, für welchen Arbeitseinsatz diese Hunde einst gezüchtet wurden.

Noch Spiel oder schon Ernst?

Es ist nicht immer leicht zu unterscheiden, wann die gezeigten Spielformen eine durchaus ernst gemeinte Kommunikation darstellen, und wann Hunde tatsächlich spielen, also so tun, als ob es ernst ist. Doch es gibt gewisse Erkennungszeichen für das Spiel. Dazu gehört ein entspanntes Umfeld. Unter Stress oder sozialen Spannungen entsteht kein Spiel. Außerdem werden beim Spielen Elemente aus verschiedenen Bereichen wie Jagd, Verteidigung oder Paarungsverhalten in ungeordneter Reihenfolge kombiniert. Dabei ist das Verhalten, das als nächstes folgt, nicht ritualisiert, sondern spontan: Ein Hopser kann auf einen Rempler folgen, eine Kehrtwende einem Aufreiten vorausgehen. Der Mitspieler kann sich darauf einlassen oder auch nicht. Tut er das nicht und bietet ein anderes Verhalten an, gilt es nun, darauf zu antworten oder eben nicht. Ziel ist es jedoch, das Spiel aufrechtzuerhalten. Wer sich unfair verhält, indem er

beispielsweise zu stark zwickt, findet bald keinen Spielpartner mehr. Also heißt es, sich selbst zu zügeln und fair zu spielen. Spiel hat demnach viele Funktionen: motorische, kognitive und soziale.
Im Spiel zeigt sich auch, dass Hunde eine Vorstellung von der Perspektive ihres Gegenübers haben. Sie können sich in den Artgenossen hineinversetzen und wissen, was der andere sieht und hört.

Damit das Spiel fair bleibt, müssen die Rollen regelmäßig getauscht werden (oben). Wenn einer der beiden Hunde genug vom Spiel hat, zeigt er dies seinem Kumpel mit deutlichem Verhalten (unten).

SPIEL MIT SOZIALEM HINTERGRUND

Der Hundeexperte Anton Fichtlmeier hat sich viele Jahre mit dem Sozialspiel der Hunde beschäftigt und ihre Sprachmuster entschlüsselt. Seine Erkenntnisse sind Thema dieser Doppelseite:
Um das Wesen des Hundes zu verstehen, muss man begreifen, dass Hunde im Gegensatz zu Wölfen keine in der Wildnis lebenden Rudeltiere sind. Hunde sind bindungsflexibel und leben als Haustiere in sozialer Gemeinschaft mit uns Menschen. Kein anderes Wesen ist derart bindungsflexibel und anpassungsfähig.
Fremde Hunde, die auf Freilaufflächen zufällig aufeinandertreffen, beginnen sofort gruppenbildend zu agieren. Sie treffen Übereinkünfte und legen ihren Status in der Gruppe fest. Das, was wir oft für Spiel halten, ist in Wirklichkeit ein Gespräch. Es ist die hundetypische Art, sich auszutauschen. Hunde geben ihre Ideen und Stimmungen in Form von

Spielmustern weiter. Dieses Verhalten ist die Basis ihrer Sprache. Sie zeigen dabei ihr Wesen, teilen einander Empfindungen und Bedürfnisse mit und offenbaren ihre Stärken und Schwächen.

Das Hundespiel – eine ernste Unterhaltung

Was für Laien wie zweckfreies, also spielerisches Tun aussieht, ist tatsächlich eine Unterhaltung, bei der verbindliche Absprachen getroffen werden. Zumindest wenn fremde Hunde aufeinandertreffen. So ein Gespräch unter Hunden läuft wie folgt: Hund eins zeigt als Sender im Sozialspiel ein bestimmtes Verhaltensmuster, das seine Bedürfnisse, seine innere Gestimmtheit und seine Gefühle übermitteln soll. Dieses Gefühlsmuster wird von Hund zwei empfangen und tendenziell nachempfunden. Diese Koppelung an das dargestellte Gefühlsmuster von Hund eins bewirkt bei Hund zwei eine Änderung seiner Empfindungen. Diese sendet er wiederum entsprechend seinen eigenen Gefühlen an Hund eins zurück. Es kommt so lange zu einem wechselseitigen Gefühlsaustausch, bis das Thema zufriedenstellend geklärt ist oder bis einer der Beteiligten das Interesse an der Kommunikation verliert.
Dabei sprechen Hunde über:
- ihre innere Gestimmtheit
- ihre Bedürfnisse
- ihren Status
- die Jagd und deren Organisation
- Nahrung und Futterrangordnung
- Paarungsverhalten
- territoriale und individuelle Abgrenzung
- Zugehörigkeit zur Gruppe

INFO

Kriterien für Spiel
- Rollenwechsel
- entspanntes Umfeld ohne soziale Spannungen
- Zweckfreiheit
- Spielgesicht
- übertriebene Bewegungen, die zeigen, dass das Tier überschüssige Energie hat

Im Lauf dieser Gespräche werden oft Abmachungen getroffen, die über den Abgleich momentaner Interessen und Befindlichkeiten hinausgehen.

Hunde treffen im Sozialspiel Übereinkünfte zu den unterschiedlichsten Themen. Es gibt symbolhafte Handlungsabläufe, durch die der Hund dem Sozialpartner durchaus komplexe Mitteilungen machen kann, die sich auch auf die Zukunft beziehen können.

Spielen beeinflusst die Kommunikation

Nach Auswertung seiner umfangreichen Videoaufzeichnungen gelangte Fichtlmeier zu der Überzeugung, dass die Einflussnahme des Menschen auf die instinktiven, kommunikativen Signale des Hundes vor allem durch Beutespiele wie Zerrspiele, stereotype Wurfspiele oder extreme Beutemotivation durch Verbellübungen, wie sie bei bestimmten Ausbildungen zum Beispiel im Rettungshundewesen üblich sind, eine Verarmung seines Ausdrucksverhaltens bewirkt. Wenn der Hund seinen hundeüblichen Wortschatz nicht mehr ausreichend beherrscht oder stark modifiziert anwendet, kann das zu ernsten Problemen im Umgang mit Artgenossen führen, weiß der Experte.

Im Spiel beziehen Hunde häufig ihre Umgebung mit ein. Sie nutzen Engstellen, Abhänge, Senken oder Hügel. Es sind ideale Standorte, um sich gegenseitig zu fixieren, zu drohen und zu stellen. Das Verhältnis ist dann ausgewogen, wenn mal der eine und mal der andere im Vorteil ist. Der Sinn dieser Aktionen? Anton Fichtlmeier ist davon überzeugt, dass hier einmal getroffene Übereinkünfte überprüft und gefestigt werden. »Nimmst du dich zurück, wenn es mir zu viel wird?« »Gilt das, was gestern besprochen wurde, auch heute noch?« Spielen festigt und bestätigt somit die einmal aufgestellten Rangordnungsverhältnisse.

Ein Hundehalter sollte sich deshalb immer darüber im Klaren sein, dass er bei jedem Spiel mit seinem Hund kommuniziert.

Eine Situation, die Hundehalter kennen: Die räumliche Situation wird spielerisch genutzt, um zu provozieren.

Können *Hunde* gute *Freunde* sein?

Warum mag mein Hund den Mischling von nebenan und würdigt den Dackel von gegenüber keines Blickes? Hegen Tiere Sympathien? Viele Hunde haben Spielkameraden, mit denen sie toben und sich austauschen. Doch wie auswechselbar sind diese Park-Bekanntschaften? Können Tiere wirklich befreundet sein?

Sicher beantworten könne man diese Fragen erst, wenn ein Mensch mal Hund war. Das meint Trainerin Petra Führmann aus Aschaffenburg. Sie hat beobachtet, dass Hunde dann gute Freunde sind, wenn sie die gleichen Vorlieben im Spiel und die gleiche Art zu spielen teilen. Wenn beide am liebsten Rennspiele machen, stünden die Chancen auf Freundschaft besser als bei einem Paar, das sich nicht einig ist, ob jetzt Rennen oder Ringen schöner sei. Diese Erfahrungen machen auch viele Hundehalter. Demnach irrt der Volksmund, wenn er sagt: »Gegensätze ziehen sich an.« Auf längere Sicht kommen »Gleich und Gleich« besser miteinander aus. Ähnliche Charaktereigenschaften und Interessen sind von Vorteil, damit eine Beziehung harmonisch ist, auch bei Hunden. Auf der anderen Seite sind viele Hunde auch ausgesprochen anpassungsfähig. Daher können auch ganz unterschiedliche Typen gut miteinander auskommen, falls ihre Sprache intakt ist.

Diese beiden Vierbeiner signalisieren: Wir mögen uns!

HABEN HUNDE GEFÜHLE?

Schon in der Welpengruppe kann man beobachten, dass sich manche Hunde mehr mögen als andere und ständig miteinander spielen wollen. Aber sind Hunde, die gern miteinander spielen, tatsächlich Freunde? Zu welchen Gefühlen sind Tiere überhaupt fähig? Da es keine Methode gibt, das Gefühlsleben von Tieren messbar zu bestimmen, ist das Thema in der Wissenschaft umstritten. Anstatt zu spekulieren, redet man lieber von Affekten, Instinkten und Konditionierungen, statt von Trauer, Liebe, Neid und Treue. Verhalten, so lautete bisher die offizielle Lehrmeinung, wird in der Natur nur dann gezeigt, wenn es dem entsprechenden Tier einen Nutzen bringt. Freundschaft dagegen ist uneigennützig. Täuschen wir uns also, wenn wir Tieren Gefühle wie Anteilnahme, Mitgefühl und Hilfsbereitschaft zugestehen? Mittlerweile gibt es auch Querdenker unter den Biologen. Sie sind der Ansicht, dass Tiere, die sich in bestimmten Situationen ähnlich verhalten wie Menschen, dabei wohl ähnliche Empfindungen haben müssen.

Verhaltensforscher wie Marc Bekoff, Paul Paquet und Dorit Feddersen-Petersen gehen sogar noch einen Schritt weiter. Sie behaupten, dass Tiere, die in einem Sozialverband leben, sich sogar in die Absichten und Stimmungen der anderen Gruppenmitglieder hineinversetzen und empathisch empfinden können.

Empathie, also Verständnis für die Gefühle des anderen, ist eine Grundvoraussetzung für Freundschaft. Auf die Frage, woher er wisse, dass Tiere Gefühle haben, antwortet der Evolutionsbiologe Bekoff schlicht: »Ich kann ihre Gefühle fühlen.«

Hunde mit den gleichen Spielvorlieben, wie etwa Rennspiele, sind einander häufiger freundschaftlich zugetan.

Artübergreifende Emotionen

Schon Charles Darwin (1809–1882), dem Begründer der Evolutionstheorie, wollte es nicht einleuchten, dass der menschliche wie der tierische Körper von denselben biochemischen und physikalischen Vorgängen gesteuert wird, ihre Gefühle aber nicht. Darwin erkannte sechs artübergreifende Kernemotionen: Ärger, Glück, Trauer, Ekel, Angst und Überraschung. Sein Fazit: Mensch und Tier haben ähnliche Emotionen und sind wesensgleich. Viele der heutigen Wissenschaftler dagegen unterscheiden fein säuberlich zwischen bewussten Gefühlen wie Scham, Neid, Stolz oder Liebe, die angeblich nur der Mensch empfinden kann, und Emotionen wie Angst, Wut und Schmerz, die zumindest allen Säugetieren zugesprochen werden. Wer also hat recht?

Auch bei Tieren: Freundschaften sind lebensverlängernd

Einen wirklichen Durchbruch zur Erklärung freundschaftlicher Bande im Tierreich gelang Wissenschaftlern aus den USA mit der Erkenntnis, dass Freundschaften die Chancen, sich zu vermehren, wesentlich erhöhen. Robert Seyfarth, Primatenforscher an der Universität von Pennsylvania, und seine Frau Dorothy Cheney fanden in einem Forschungsprojekt in Botswana heraus, dass weibliche Paviane mit einem stabilen sozialen Netz viermal höhere Überlebenschancen hatten als eigenbrötlerische Exemplare. Und Mütter, die länger leben, können besser für ihre Babys sorgen. Ein gutes Argument sozusagen durch die Hintertür dafür, dass

Der Hund will und lässt an den vorhandenen Ressourcen partizipieren und sucht bei entsprechenden Begegnungen immer wieder aufs Neue einen Abgleich mit Artgenossen.

die Fähigkeit, Freundschaften zu pflegen, biologischen Nutzen bringt.

Diese Erkenntnis gilt anscheinend nicht nur für Primaten. In Neuseeland erforschte Elissa Cameron von der University of Tasmania eine Herde mit 400 Wildpferden über einen Zeitraum von vier Jahren. Sie kam zu demselben Ergebnis wie Seyfarth: Je mehr enge Freunde ein Pferd hatte, desto mehr Fohlen konnte es großziehen. Dass es schwer ist, ohne Freunde durchs Leben zu kommen, wissen demnach nicht nur Menschen. Und wie bei uns wirken sich stabile Freundschaften auch bei Tieren stabilisierend auf die Gesundheit aus. Bei Rhesusaffen, die dauerhafte Freundschaftsbeziehungen unterhielten,

war die Konzentration von Stresshormonen im Blut gering. Weniger gesellige Typen hatten höhere Werte.

Und bei Hunden?

Die spannende Frage ist nun, was konnten die Forscher über den »besten Freund des Menschen«, den Hund herausfinden? Ist er, der schon seit Jahrtausenden unter einem Dach mit uns zusammenlebt, zu noch tieferer Freundschaft fähig als wild lebende Säugetiere? Weit gefehlt! Entgegen allen Erwartungen bekamen die Caniden im Fach »Freundschaft« von den Wissenschaftlern eine schlechtere Note als Affen, Pferde und Delfine. Ausgerech-

Wachsen Hunde gemeinsam mit anderen Tierarten auf, können sich freundschaftliche Beziehungen entwickeln – selbst zur immer wieder als Todfeind erklärten Katze.

net beim Hund, dem Sinnbild für Treue und Ergebenheit, fanden die Forscher keine Beweise für emotionale Ausdauer, langfristiges, wechselseitiges Geben und Nehmen und gegenseitigen Beistand, die die Voraussetzungen für Freundschaft sind. »Hunde gehen freundschaftsähnliche Beziehungen zu anderen, im selben Haushalt lebenden Artgenossen ein«, gibt James Serpell zu, Direktor des Zentrums für die Interaktion von Tieren und Gesellschaft an der University of Pennsylvania. Auch Hunde, die sich regelmäßig in Parks zum Spielen treffen, haben durchaus ihre bevorzugten Kumpane. Doch so ansprechend die Szenen ausgelassenen Spielens auch aussehen mögen, für tiefe

Freundschaft, wie sie unter Affen, Pferden und Delfinen beobachtet werden können, griffen sie zu kurz, so der Wissenschaftler. Dem widersprechen nicht nur viele Hundehalter, in deren Haushalt zwei oder mehr Hunde leben, die miteinander durch dick und dünn gehen. Auch Günther Bloch meint, dass es Freundschaft unter Hunden gibt. Wie anders soll man es bezeichnen, wenn sie zusammen in einem Bett schlafen oder friedlich aus dem gleichen Napf fressen?

Bindung ja, Freundschaft nein

Anders sieht die Beziehung zum Menschen aus. Aufgrund ihrer Domestizierung hätten Hunde gelernt, sich Menschen gegenüber freundlich und ergeben zu verhalten, doch sie sähen in uns eher einen »Vormund«, einen »Beschützer« als einen Freund. Sie zeigen, was man bei Kindern Bindung nennt – eine Vorliebe für den wichtigsten Versorger. Für ein Tier, das mit Menschen zusammenlebt, sei eine spezifische Bindung durchaus sinnvoll, meint die amerikanische Kognitionswissenschaftlerin Alexandra Horowitz. Auch streunende und verwilderte Haushunde leben eher wie Großstadtbewohner, nämlich neben und in Kooperation mit anderen, aber oft für sich allein. Sie fressen Aas und Abfälle oder jagen Mäuse und Ratten, jeder für sich. Für Anton Fichtlmeier ist diese Flexibilität in Beziehungen kein enttäuschender Charakterzug, sondern eine Fähigkeit. Wären

Hunde weniger bindungsflexibel, könnten sie weniger gut kommunizieren und wären viel öfter in aggressive Auseinandersetzungen verstrickt. Denn ihre Eigenschaft, in Minutenschnelle mit fremden Artgenossen Regeln abzugleichen und eine funktionierende Gruppe zu bilden, ist bedingt durch ihre feine Kommunikation und die Bereitschaft, zu kooperieren.

Das Besondere am Hund sei, so Fichtlmeier, dass er fremde Hunde an den vorhandenen Ressourcen partizipieren lassen will und kann. Aggressionen laufen dabei prosozial ab, das heißt hoch ritualisiert. Ist die Sprache des Hundes nicht mehr intakt, kann er sich nicht mehr ritualisiert artikulieren. Nach Fichtlmeier kommt es zu Aggressionen, weil der Hund nicht mehr gruppenbildend handelt.

Erziehungs–TIPP

Hundefreundschaft stiften

Die Kooperationsbereitschaft vieler Hunde endet oft im eigenen Revier. Manche haben ein ausgeprägtes Territorialverhalten und reagieren daher unwirsch auf fremde Hunde im eigenen Haus. Deshalb sollten Sie Ihren Hund nicht gerade zu Hause mit einem unbekannten Artgenossen bekannt machen. Besser ist es, die erste Begegnung auf neutralem Boden stattfinden zu lassen, zum Beispiel im Park. Wenn die Hunde ausreichend Gelegenheit hatten, sich kennenzulernen, können Sie sie meistens auch problemlos mit nach Hause nehmen.

Außerdem: Die gemeinsame Bewegung fördert die Beziehung. In dieselbe Richtung laufen, sich im gleichen Takt bewegen, macht aus einzelnen Individuen ein funktionierendes Team. Daher sollte man Hunde, die sich fremd sind und einander skeptisch begegnen, einfach an die Leine nehmen und losgehen. Nebeneinanderherlaufen ist die natürlichste Art, dem Rest der Welt zu demonstrieren: »Wir gehören zusammen.« Und irgendwann glaubt man bzw. glauben die Hunde es dann selbst.

Über die
Kommu-
nikation
der Hunde

Wenn Hunde so gut kommunizieren und auch kooperieren, warum kommt es immer wieder zu Raufereien?

Es gibt im Wesentlichen zwei Faktoren, die die hündische Kommunikation und ihre friedliche Konfliktlösung gefährden: Erstens die Erziehung durch einen Menschen, der nicht in der Lage ist, die Sprache seines Hundes intakt zu halten, weil er ihn dressiert statt artgerecht mit ihm zu kommunizieren. Artgerecht bedeutet, ritualisiert über Gesten und einfache Signale wie in die Hocke gehen, einladend die Arme ausbreiten und freundliche Laute von sich geben, anstatt laut »Bello, hierher!« zu rufen. Verlernt der Hund, sich in seiner Sprache auszudrücken, kommt es zu Aggressionen, weil er verlernt hat, gruppenbildend zu agieren, um dabei zum Beispiel die Verteilung von Ressourcen auf ritualisierte Art und Weise zu klären. Darüber hinaus vertraut er nicht mehr auf seine Beschwichtigungssignale und hält sich präventiv durch Drohen, Drohschnappen oder Beißen den vermeintlichen Konkurrenten vom Leib. Das ist heute leider bei vielen Hunden der Fall.
Der zweite Grund, warum die Verständigung unter Hunden nicht immer klappt,

ANTON FICHTLMEIER IST MUSIKER, AUTOR, FACHREFERENT, JÄGER UND HUNDETRAINER

▪ Neben den Haltern von Familienhunden schult er auch Rettungs- und Jagdhunde sowie deren Besitzer. Sein »Weg des Vertrauens« ist inzwischen eines der erfolgreichsten Konzepte für Hundeausbildung in Deutschland.

ist der hohe Grad an Spezialisierung, den manche Rassen haben. Talente nehmen dem Hund einen Teil seiner Sprache. Für einen »normalen« Hund hat der Austausch mit Artgenossen Priorität. Für ihn ist das gruppenbildende Element wichtiger als zu hüten oder zu jagen. Ein Hund dagegen, der mit einer extremen Talentausprägung geschlagen ist, zeigt dieses Spezialistentum auch in der sozialen Interaktion. Das übergroße Talent verhindert, dass er in der hündischen Kommunikation bleibt. Er klinkt sich aus der sozialen Interaktion aus, weil seine Genetik fordert, dass er einen Reiz beantworten muss. Eine Bracke zum Beispiel bricht plötzlich das

Sozialspiel in der Gruppe ab, weil sie augenblicklich einer Spur nachgehen muss. Ein Setter, der mit der Gruppe läuft, sieht einen Hasen und geht hinterher. Der Terrier sieht eine Katze und lässt die soziale Gruppe augenblicklich stehen. Ein Briard läuft ständig außen um die Gruppe rum, attackiert kurz, wo sich etwas bewegt, läuft zum Nächsten, der sich bewegt, attackiert kurz usw. Dieser Hund kann keine soziale Kompetenz entwickeln, weil er sich nicht wirklich mit irgendeinem auf etwas einlässt. Es ist schwer, diesem Hund ein anderes Muster näherzubringen, ihm klarzumachen, dass man sich mit dem anderen ja mal unterhalten könnte.

Bedeutet das umgekehrt, je weniger spezialisiert ein Hund ist, desto besser kommt er mit anderen aus?

Je weniger das Talent ihm im Weg steht, desto klarer kann der Hund in der Kommunikation sein. Würde sich eine Hundegruppe innerhalb einer Region frei reproduzieren können, als lockere soziale Gruppe immer wieder zusammenkommen, würden sie in sich eine gefestigte Sprache haben, weil keine übertriebene Ausprägung eines bestimmten Rassemerkmals mehr da wäre. Es gäbe keinen überpassionierten Jäger mehr, der sich komplett in jeder Spur verliert und weggeht, keinen übertriebenen Hüter und Treiber, der ständig strukturiert.

Was kann ich tun, wenn ich einen Terrier habe, der lieber rauft als zu kooperieren, oder einen Border Collie, der lieber hütet als zu kommunizieren? Muss ich das akzeptieren?

Durch geschicktes Management können wir ganz bewusst Situationen herbeiführen, in denen sich das Gehirn auf eine ganz bestimmte Weise parallel vernetzt, sodass nicht mehr allein eine Instanz, nämlich die Instinktinstanz, über den Hund bestimmt. Stellen Sie sich vor, Sie haben einen Hund, der die ganze Zeit hütet und behütet, der in einer Hundegruppe ständig in Stress kommt, weil er immer wieder strukturiert und sofort dazwischengeht, wenn zwei sich streiten oder nur ein Rennspiel machen. So ein »Strukturierer« sollte in einer Gruppe nicht frei laufen, weil sich dieses Instinktverhalten immer weiter festigt. Eine Übung wäre, ihn am Rand der Hundewiese zum Beispiel über ein Pflicht-Sitz immer wieder zum Nachgeben und schließlich zur Entspannung zu bringen. Er sollte keinesfalls als Junghund Woche für Woche in der Gruppe »spielen« und sich in seinen Instinkten erfahren. Aber was machen wir stattdessen zum Beispiel mit einer Bracke oder einem Weimaraner? Schon mit dem Welpen gehen wir dauernd im Wald spazieren und nehmen in Kauf, dass er viele Spuren aufnimmt. Wir ermöglichen ihm, sich aus der Kommunikation zu verabschieden und stattdessen seinen Talenten zu gehorchen. Er verhält sich dann irgendwann nicht mehr wie es von einem Familienhund gewünscht ist, sondern bloß noch wie eine Bracke oder wie ein Weimaraner.

Wie kann aus einem rauflustigen Terrier ein Hund mit sozialer Kompetenz werden?

Wenn ich einen Wurf Terrier habe, die sich mit vier Wochen schon ineinander verbeißen, und beobachte, dass die Elterntiere weggehen, ausweichen, die Welpen sich selbst überlassen statt sie zu reglementieren, dann weiß ich, dass in diesem Wurf keine soziale Kompetenz vorhanden ist. Schon nicht von den Elterntieren her. Wieso sollte das dann in den Welpen veranlagt sein? Normalerweise würde die Welpenmutter hingehen und sagen: Hey, falsch! Diese Hunde haben eine klare Tendenz, die Tendenz zu raufen. Dieses Talent ist super, wenn's darum geht, hinter dem Fuchs herzugehen. Aber diese Hunde sind ein Problem auf der Hundewiese und oft auch in der Familie. Das sind halt Spezialisten für die Jagd, und soziale Kompetenz ist hier ganz schwierig. So ein Hund gehört nicht in eine Welpengruppe, sondern in eine Gruppe mit erwachsenen souveränen Hunden, wo er abprallt, wenn er nach vorn geht, weil er den erwachsenen Hund gar nicht erreicht.

Ein Hund, der attackiert, provoziert sein Gegenüber nicht unbedingt dazu, sich zu verteidigen. Da muss auch der Geruch noch stimmen, und es muss eine soziale Interaktion vorausgegangen sein. Das ist beim Menschen ähnlich. Wenn jemand in der Fußgängerzone einen Besen schwingt und um sich haut, werden Sie nicht hingehen und mit ihm diskutieren, sondern einfach ausweichen. Der Welpe muss also erfahren, dass seine Aggressionen nicht erwidert werden, sondern ins Leere laufen. So ein Hund braucht auch einen sehr souveränen Menschen, der nicht straft, sondern an dem dieses Verhalten einfach abprallt, und der immer wieder ritualisiert mit dem Hund kommuniziert und ihn ins Gespräch holt.

Was mache ich mit einem erwachsenen Hund aus dem Tierheim, der ein solch extremes Talent hat?

Bei einem erwachsenen Hund arbeite ich viel über die Leine. Ich kann ihm über meine Art der Leinenführung beibringen, dass es ein anderes Muster gibt. Ich gehe mit dem Hund kontrolliert in Situationen, mit denen er sich auseinandersetzen muss, und bringe ihn über die Leine dazu, dass er nachgibt. Ich kann exakt den Moment belohnen, wo er nachgibt, weil dann die Leine locker wird.

Bei den Begleithunden, die nicht so spezialisiert sind, kommt es auch hin und wieder zu Raufereien. Gerade kleine Hunde neigen oft zu Größenwahn, und der Mops geht auf den Rottweiler los. Warum?

Er kann nicht einschätzen, wie er mit dieser Situation umgehen soll, weil er kein Gebrauchshund mehr ist. Er reagiert, zum Beispiel weil er als Rüde den anderen Rüden herausfordern will, er kläfft, weil er erregt ist, geht unter Umständen sogar nach vorn, aber unterscheidet nicht mehr, ob der vor ihm seine Kragenweite hat oder nicht. Diese Fähigkeit ist ihm im Lauf der Zucht in Richtung Begleithund verloren gegangen. Im Gegensatz dazu kann sich ein Gebrauchshund wie der Vizsla oder Deutsch Drahthaar meist sehr gut einschätzen. Jagdhunde haben oft noch sehr ursprüngliche Instinkte, weil sie ums Töten und Getötetwerden wissen. Damit ist ein Mechanismus vorhanden, der verhindert, dass dieser Hund in Aktionen geht, bei denen er sich verletzen könnte. Der wägt das sehr gut ab.

Es wird ja oft behauptet, dass extrem langes Haar, Ringelrute oder der rassetypische Kamm des Ridgebacks zu Missverständnissen führen.

Langes oder kurzes Haar, viele Falten oder wenige – das ist irrelevant. Der Geruch und das gezeigte Verhalten sind das, was auslöst und nicht ein statisches optisches Signal wie Fell oder Falten. Allein der gegen den Strich laufende Fellstreifen eines Ridgebacks löst keinen Hund aus. Hunde werden hauptsächlich über die Nase zu instinktiven Reaktionen veranlasst. Diese sagt ihnen, wie der andere Hund gestimmt ist. Blinde Hunde kommunizieren nämlich beispielsweise problemlos mit sehenden, und zwar so gut, dass der Mensch, der

zusieht, gar nichts merkt. Ein Bearded Collie wird ebenso gut verstanden wie ein Dobermann, und der Kamm des Ridgebacks wird nicht mit Imponiergehabe verwechselt. Wenn ein Hund einen Kamm stellt, dann riecht er auch entsprechend. Nicht das Aussehen, sondern die Stimmung, die Aktion und der Geruch lösen im Gegenüber eine Reaktion aus. Die Aktion und der Geruch müssen übereinstimmen. Missverständnisse entstehen, wenn Verhaltensmuster durch Haltungsbedingungen verändert wurden. Das kann sein, wenn der Hund von Welpenbeinen an extrem bespielt wurde. Er zeigt völlig stereotype Spielaufforderungen anstatt gruppenbildende Interaktionsmuster.

Bullenbeißer versus Hetzjäger. Der hohe Grad an Spezialisierungen mancher Rassen, im Foto Dalmatiner und Bulldogge, erschweren die Kommunikation.

Hundesprache richtig lesen

Hunde
als *Projektionsflächen*
menschlicher Gefühle

Die Hundesprache ist eine Symbolsprache. Wir sollten sie kennen, damit wir sie lesen, übersetzen, deuten, kurz: verstehen können. Denken wir zu menschlich, indem wir auf Hundeprobleme mit Menschenlösungen reagieren, kommt es zwangsläufig zu Missverständnissen in der Kommunikation.

Ein Großteil dessen, was wir über Hunde zu wissen glauben, beruht auf Spekulation. Wir können sie nicht fragen, welches Futter ihnen am besten schmeckt oder warum sie den freundlichen Nachbarn immer verbellen. Vieles können wir einfach nur beobachten – und deuten. Gähnt der Hund, weil er müde ist, Stress hat, eine Übersprunghandlung vollzieht oder beschwichtigt? Die Deutung hängt großteils von unseren persönlichen Wertvorstellungen und Meinungen ab. Jeder von uns nimmt hauptsächlich das wahr, was zu seinem Weltbild passt. Je nachdem ob wir Stress für schädlich halten oder ein schlechtes Gewissen haben, weil der Hund sich devot zeigt, interpretieren wir das eine oder andere in das Verhalten unseres Vierbeiners hinein. Ein Kratzen oder Gähnen kann eine ganz normale körperliche Reaktion sein oder ein Signal für

Die Körpersprache dieses Hundes kann Ignoranz, Müdigkeit oder Überforderung ausdrücken. Wir interpretieren sie oft, wie wir momentan gestimmt sind.

Unsicherheit und Überforderung. Wie wir schließlich darauf eingehen, hängt davon ab, was wir als Ursache vermuten.

ES KOMMT AUF DEN KONTEXT AN

Um zu verstehen, was Hunde sagen, sollte man sie also als Erstes möglichst wertfrei beobachten. Für die Deutung der Signale ist es wichtig zu wissen, was vor einer Situation geschah und wie sich die Tiere im Anschluss daran verhalten. Denn eine bestimmte Körperhaltung oder eine gewisse Handlungsweise zeigt nicht zwangsläufig immer die gleiche Stimmung oder die gleiche Absicht an. Dementsprechend kann das Auflegen einer Pfote eine dominante Geste sein, beschwichtigen oder der schüchterne Versuch sein, die Aufmerksamkeit des Menschen zu erheischen.

Ein Beispiel

Wie leicht man Hundeverhalten missdeuten kann, zeigt folgende Situation: Stellen Sie sich vor, Sie begegnen auf einem

Aufgerichtete Rute, aufgestellte Ohren, fixierender Blick – dieser Hund ist bereit, seinen Ball zu verteidigen.

Schwanz wedelt. Sie greifen erneut nach dem Ball – »Grrr!« Was ist hier los? Sie haben sich von den vermeintlich freundlichen Signalen des Hundes täuschen lassen und dabei übersehen, dass Anstarren und heftiges Schwanzwedeln zur Körpersprache eines aggressiv-drohenden Hundes gehören und deshalb in diesem Fall das Gegenteil von Freundlichkeit bedeuten. Er wollte den Menschen herausfordern. »Wagst du es, meinen Ball zu nehmen und für dich zu beanspruchen?«
So eine Situation wird von vielen Menschen falsch verstanden, weil sie nur einen Teil des Hundeverhaltens gelesen haben. Wenn sie meinen, der Hund wolle mit ihnen spielen, begehen sie in dessen Augen einen Fauxpas.

Was Hunde denken und fühlen

Wer einen gemütlich vor sich hindösenden Hund betrachtet, fragt sich vielleicht: »Was geht ihm gerade durch den Kopf? Überlegt er, was er als Nächstes anstellen könnte? Oder träumt er von seinem letzten Abenteuer auf der Hundewiese?« Hundeverhalten kann nur derjenige richtig deuten, der ein Grundverständnis für das »Wesen Hund« entwickelt. In welchem Rahmen agiert so ein Tier überhaupt? Was treibt es an, was sind seine Motive? Um das zu ergründen, muss man einen Ausflug in die Verhaltensforschung machen. Sie versucht zu erklären, warum Lebewesen auf eine bestimmte Weise han-

Spaziergang einem Terrier, der enthusiastisch mit einem Tennisball spielt. Immer wieder nimmt er ihn ins Maul, wirft ihn in die Luft, jagt ihm hinterher, um ihn dann erneut wieder aufzunehmen und in die Luft zu werfen. Das macht der Hund viele Male, bis er Sie bemerkt. Nun kommt er zu Ihnen gelaufen, lässt den Ball zu Ihren Füßen auf die Wiese fallen und guckt Sie erwartungsvoll, aber mit starrem Blick an. Dabei wedelt er heftig mit dem Schwanz. Sie bücken sich, um den Ball aufzuheben. In diesem Augenblick hören Sie ein unheilvolles Knurren. Hat sich der freundliche Hund plötzlich in einen bösen Wolf verwandelt? Sie sehen den Terrier an und er Sie, wobei er noch heftiger mit dem

deln und nicht anders und welchen Vorteil sie daraus ziehen.

Ein gängiges Mittel, das herauszufinden, ist die Beobachtung. Doch einen Hund von außen zu betrachten, liefert nur erste Ansätze zur Klärung der Frage, aber noch keine befriedigende Beschreibung dessen, was ein Hund tatsächlich ist. Dazu müsste man gewissermaßen in ihn hineinsehen können. Und genau das versucht die Verhaltensforschung.

Wissenschaftler testeten zum Beispiel, ob Hunde ein räumliches Vorstellungsvermögen haben, ob sie Zusammenhänge zwischen Ursache und Wirkung erkennen und ob sie nach dem Ausschlussprinzip lernen können. Letzteres bedeutet, dass durch logisches Ausschließen einer möglichen Option eine korrekte Alternative gewählt wird. Die Anwendung dieses Prinzips gilt als Zeichen von Intelligenz.

Lange war man der Ansicht, dass mit der Domestikation eine Verdummung des Hundes einhergegangen sei. Versuche ergaben nämlich, dass Wölfe Probleme eigenständiger und schneller lösen können als Hunde. Doch die Intelligenz eines Tieres hängt auch stark von dessen Lebensumständen ab. Studien machten deutlich, dass Hunde, die bei Aufgaben generell viel auf sich allein gestellt sind, auch mehr Eigeninitiative beim Lösen schwieriger Probleme zeigen. Der Halter kann also vieles tun, um die Intelligenz seines Hundes zu fördern. Außerdem wurde die Fähigkeit zur Zusammenarbeit im Zuge der Domestikation beim Hund immer weiter ausgebaut. Gleichzeitig wurde der Drang, autark zu jagen, weitestgehend abgeschafft, da sich der Mensch seit Jahrtausenden um die Versorgung des Hundes kümmert.

Hunde sind Instinktwesen

Bei diesem Thema sind sich nahezu alle Hundetrainer einig: Vermenschlichung ist der Beziehungskiller Nummer eins. Wir reden mit Hunden, als ob sie Menschen wären, obwohl sie sich wie Hunde verhalten. Wir ziehen ihnen Kleidung an und oft genug teilen wir Tisch und Bett mit ihnen. Es stimmt zwar, dass Hunde ähnliche Gefühle haben wie wir, aber diese sind längst nicht so komplex wie die eines Menschen. Wenn wir die Probleme eines Hundes mit menschlichen Konzepten lösen wollen, entstehen Missverständnisse, und die Beziehung leidet. Oft wird übersehen, dass Lösungen, die für Menschen richtig wären, für einen Hund mit Verhaltensproblemen völlig ungeeignet sind. Hunde sind Instinktwesen, Menschen dagegen handeln vorwiegend emotional und intellektuell. Außerdem dürfen wir nicht vergessen, dass Hunde die Umgebung ganz anders erfassen als wir. Hunde sehen anders, hören anders und die Nase ist ihre Pforte zur Welt *(siehe Seite 27)*.

Sammy und ich

Starr wie eine Statue sitzt Sammy da und sieht mich unverwandt an. Es macht mich nervös, aufzublicken und zu bemerken, wie ich mit Blicken durchbohrt werde. Als ich zurückstarre, blinzelt er leicht. So sagt er mir, dass er nur meine Aufmerksamkeit will.

Hunde haben wie Kleinkinder gelernt, ihren Blick dorthin zu richten, wo ihre mensch-liche Bezugsperson hinschaut. Denn die Aufmerksamkeit des Menschen scheint auf interessante Dinge hinzuweisen.

HUNDEBLICKE

»Nur wer in meine Augen blickt, kann mich sehen.« Diese Überzeugung ist so stark, dass Kleinkinder das Augenzuhalten als gute Strategie fürs Verstecken ansehen. Sie glauben, dass sie dann niemand sehen kann. Woher kommt diese Fehlwahrnehmung? Britische Forscher haben das nun ergründet. Demnach unterscheiden Kinder, ob sie lediglich den Körper ihres Gegenübers sehen oder des-sen »Ich«, das ihnen durch seine Augen entgegenblickt. Indem die Kinder sich die Augen zuhalten, machen sie ihr Innerstes für andere unsichtbar. Sie verstehen, dass

ihr Körper weiterhin sichtbar bleibt, sie selbst aber nicht. Ein erstaunlich philoso-phischer Ansatz für Zweijährige.

Wer einem Hund in die Augen sieht, meint ebenfalls zu spüren, dass ihm ein anderes Bewusstsein entgegenblickt. Wissenschaft-lich erwiesen ist das allerdings nicht. Den-noch erkennen und spüren wir eine innere Haltung, eine Präsenz, eine Absicht, ein »Ich« hinter diesem Blick. Und das ist wirklich wichtig, weil es unsere Haltung gegenüber den Tieren verändert.

Denn wer meint, Tiere hätten kein Ich-Bewusstsein, könnten nicht als Individu-um denken und fühlen, darf ja fast alles mit ihnen machen. Manche Wissenschaftler vertreten sogar die Meinung, Tiere hätten keine Gefühle, höchstens niedere Emotionen. Sie sind der Ansicht, ein Schwein könne nicht leiden, weil ihm das höhere Bewusstsein dazu fehle. Würde man ihm ohne Betäubung ein Bein abschneiden, würde es nicht wissen, dass es das eigene sei. Es empfände zwar eine Art Schmerz, aber nicht den eigenen. Ginge es ihm an den Kragen, spüre es vielleicht Angst, aber nicht »Ich habe Angst«. Den meisten Haustierbesitzern schlagen solche Worte auf den Magen. Diese Denkweise widerspricht vehement den Erfahrungen, die sie täglich machen. Niemand käme auf die Idee, seinem Hund oder seiner Katze auch nur ein Haar zu krümmen mit der Begründung, dass es schließlich nur einem »Es« weh tue und keinem »Ich«.

Hunde sind Individuen

Einige Menschen wollen nicht einmal die Möglichkeit einer Selbstbewusstheit von Tieren anerkennen. Allerdings kann niemand mehr ernsthaft bestreiten, dass Tiere Schmerz empfinden und Freude. Die Frage, ob sie ein Ich-Bewusstsein haben, bleibt allerdings offen. Bereits Charles Darwin dachte in seinem Buch *Die Abstammung des Menschen und die geschlechtliche Zuchtwahl (1871)* darüber nach, was Tiere über sich selbst wissen könnten. Er war der Meinung, dass man durchaus sagen kann, ein Tier hätte kein Bewusstsein von sich selbst, wenn man

darunter Fragen versteht, wie »Wo komme ich her?«, »Wo gehe ich hin?«, »Was ist das Leben und was der Tod?« usw. Doch wenn sich ein Schimpanse vor dem Spiegel den roten Fleck abwischt, den man ihm unbemerkt auf die Nase gemalt hat, zeigt er ohne Zweifel ein Bewusstsein seiner selbst. Diese Experimente aus den 1970er-Jahren funktionierten jedoch nur bei Menschenaffen wie Orang-Utans, Schimpansen und Gorillas. Heute weiß man, auch Hunde scheinen über eine einfache Art Ich-Bewusstsein zu verfügen. Sie können andere Individuen täuschen, was voraussetzt, dass sie den Unterschied zwischen sich und anderen wahrnehmen. Außerdem können Hunde einschätzen, was ein anderes Individuum – ob Hund oder Mensch – als Nächstes tut, und sich dementsprechend verhalten. Und selbst wenn jemand Tieren jede Form der Selbstbewusstheit abspricht, also meint, dass ein Tier nicht weiß, wer es ist, so bedeutet das nicht, dass ein Tier nicht fühlen kann, dass seinem Körper Schmerzen zugefügt werden.

Kaum ein Hundehalter zweifelt daran, dass ihm ein »Ich« aus den Augen seines Vierbeiners entgegenblickt.

Wir brauchen *Hunde,* die sich anpassen können

PERDITA LÜBBE-SCHEUERMANN

■ begleitet seit 1994 Menschen und ihre Hunde auf dem Weg zu einem harmonischen Miteinander. Ihre Hunde-Akademie bietet neben Erziehungskursen vielfältige Beschäftigungsangebote von A wie Agility bis Z wie Zielobjektsuche an.

Mit welchen Erwartungen kommen Kunden zu ihnen?

Viele wollen, dass ich den Hund mit einer Art »Tastatur« belege, mit Begriffen die wir Menschen benutzen. Bei »Komm!« oder »Mach Platz« soll er wissen was gemeint ist und den Befehl ausführen.

Hunde sollen also lernen, bestimmte Hörzeichen zuverlässig zu befolgen?

Viele Hundehalter versuchen, ihr Tier durch Hörzeichen zu kontrollieren. Sie versetzen sich zu wenig in den Hund hinein und merken nicht was tatsächlich in ihm vor geht. Ein typisches Beispiel ist die Begegnung mit einer Katze. Der Mensch bringt den Hund ins Sitz und meint, jetzt sei alles schick, weil der Hund das Kommando ausführt und der Katze nicht hinterhergeht. Das ist aber nur die halbe Wahrheit. Er sitzt zwar, weil er das Kommando befolgt, aber sein Fokus ist trotzdem meist noch auf der Katze. Er wird sie immer wieder jagen wollen.

Bringen Sie Ihren Kunden denn auch bei, sich über Körpersprache mit dem Hund zu verständigen?

Ich biete Körperspracheseminare an aber da sitzen meistens Trainer und weniger Hundehalter. Viele interessieren sich gar nicht so sehr für die Körpersprache von Hunden. Zum Beispiel was es bedeuten

kann, wenn der Hund zwei Meter vor seinem Menschen steht an strammer Leine und etwas oder jemanden fixiert. Oder was es heißt, wenn der Hund bei einer Begrüßung an einer fremden Person hochspringt. Das muss ja nicht immer bedeuten: »Hallo ich finde dich toll und begrüße Dich.« Das kann ja auch Bewegungseinschränkung und sonst was sein. In den Seminaren nehmen wir solche Situationen auf Video auf und gucken genau hin, was da vor sich geht. Und dann erabeiten wir Lösungsschritte.

Wie sehen Lösungsschritte aus?

Ein Schritt kann sein, einfach mal Wohlbehagen bei dem Hund auszulösen. Viele Menschen wissen nicht, wie sie das machen sollen. Sie streicheln dem Hund über den Kopf und wenn er das unangenehm findet, erkennen sie die Signale nicht und streicheln weiter. Ich dagegen warte darauf, dass der Hund anfängt zu blinzeln, sich dem Menschen entgegenstreckt und es schön findet und mehr von dem möchte, was der Mensch da macht. Ähnliches passiert, wenn der Mensch mit seinem Hund einfach spielen soll. Wenn der Hund ein bisschen toll wird, dann ist er gleich übergriffig und stellt die Mensch-Hund-Beziehung infrage. Dann sprechen wir über die jeweiligen Mensch-Hund-Teams und es stellt sich am Ende vielleicht heraus, dass der scheinbar übergriffige Hund einfach nur eine raue Art hat zu spielen, aber genau diese Art von Spiel braucht, um fröhlich zu sein. Ich möchte den Menschen zeigen, wie sie ihren Hund da abholen wo er steht – in dem Rahmen natürlich, wie es ihnen selbst gut tut.

Inwiefern sollte der Mensch auf die Bedürfnisse seines Hundes eingehen?

Ich mache mich nicht zum Deppen für meinen Hund indem ich mich total auf ihn einstelle. Ich finde, dass Hunde sich mit einigem abfinden müssen, etwa wenn wir mal laut sind. Ich bin zum Beispiel kein leiser Mensch und mein Hund muss mit meinem Lautsein leben. Aber wenn ich weiß, dass er nicht auf dem Kopf gestreichelt werden möchte, lasse ich es.

Was ist das wichtigste Werkzeug im Umgang mit Hunden?

Nichts ist so wichtig wie die mentale Einstellung. Ich kann mich körpersprachlich noch so gerade hinstellen oder professi-

onalisieren, wenn meine Einstellung ist: »Ich pack's nicht«, wird es nicht gehen.

Wie machen Sie das den Kunden klar?

Ich frage als erstes: »Warum sind sie hier, was ist ihr Anliegen?« Die meisten Leute antworten dann: »Damit mein Hund nicht mehr an der Leine zieht, damit mein Hund nicht mehr wegläuft, damit mein Hund nicht mehr jagen geht.« Dann frage ich: »Was möchten Sie denn für sich erreichen?« Und irgendwann, nach 30 Minuten kommt dann raus: »Ich möchte mehr Kontrolle. Ich möchte meinen Hund im Griff haben.« Und das ist der erste Schritt, nämlich Ich-Aussagen zu treffen. Aber das ist für viele Menschen sehr schwer.

Warum fällt es uns so schwer, dem Hund Grenzen zu setzen?

Weil wir geliebt werden wollen. Außerdem kompensieren wir den Druck den wir im Alltag haben. Der Hund ist unser Seelentröster. Wenn ich von einem harten Arbeitstag nach Hause komme, möchte ich nicht noch zu Hause erziehen müssen. Ich muss ja schon gucken, dass die Kinder sich ordentlich benehmen und ihre Hausaufgaben gemacht haben. Dann auch noch dem Hund zu sagen benimm dich und lass das jetzt, das fordert zu viel. Der soll auf dem Sofa sitzen und einfach nur mit einem kuscheln. Das wird von vielen Hunden heute erwartet.

Können Hunde diese Erwartungen überhaupt erfüllen?

Manche vielleicht. Und diese Hunde brauchen wir. Wir brauchen Hunde die nicht beißen und sozialverträglich sind.

Unterschiede
in der Kommunikation
von Hund und Mensch

Hunde denken sicherlich nicht wie wir Menschen, sie fragen auch nicht den lieben Gott oder ihr Gewissen, sondern handeln rein instinktiv. Auch sorgen sie sich weder um die Zukunft noch grübeln sie über die Vergangenheit nach. Hunde leben in der Gegenwart. Statt über Probleme nachzudenken, suchen sie ganz konkret nach Lösungen im Hier und Jetzt.

Hunde betreiben keine Ursachenforschung und fragen auch nicht: Warum macht jemand etwas? Viel interessanter für sie ist: Wie kann man gegensteuern und es besser machen? So wird kein Hund der Frage nachgehen, warum ein Mensch ihm zum Beispiel eine Leckerei oder ein Spielzeug vorenthält. Er denkt höchstens darüber nach, was er tun kann, um das Gewünschte schließlich doch zu bekommen.

ALS WAS BETRACHTEN HUNDE UNS MENSCHEN?

Trotz des tiefen gegenseitigen Verständnisses, das Mensch und Hund zusammenschweißt, sieht auch der Hund uns als Vertreter einer völlig anderen Art. Ihm ist bewusst, dass wir nicht seinesgleichen sind. Dennoch sind Hunde von Natur

Alles was Hunde tun, geschieht selbstverständlich, ist Teil ihres Wesens. Sie können sich nicht verstellen.

aus motiviert, uns Menschen zu gefallen. Sie wissen instinktiv, dass der Mensch ihr Überleben sichert, Schutz vor Kälte, Sicherheit und Nahrung bietet. Daher tun sie fast alles, um den Menschen zufriedenzustellen. Diese Haltung macht den Hund zu einem ergebenen Haus- und eifrigen Arbeitstier. Über diese Bindungsebene hinaus ist jede Hund-Mensch-Beziehung individuell. Im besten Fall übernimmt der Mensch für seinen Hund eine Art lebenslange Elternrolle. Der Mensch ist derjenige, an dem sich der Hund orientiert, der Entscheidungen trifft und der einen Handlungsrahmen vorgibt, innerhalb dessen das Tier sich möglichst frei bewegen darf. Hunde sind zufrieden, wenn der Mensch sie souverän durchs Leben führt, ohne dabei den »Alpha-Wolf« zu spielen. Soziale Kompetenz wiegt auch für Hunde mehr als Stärke oder gar Gewalt. Zeigt der Mensch zu wenig Führungsqualitäten, fühlt sich der Hund zwar zugehörig, vertraut aber nicht wirklich. Im Zweifel verlässt er sich dann lieber auf sich selbst.

VON INSTINKTEN UND EMOTIONEN

Manchmal besteht ein Konflikt zwischen dem, was ein Hund instinktiv will, und dem, was wir von ihm verlangen. Dann findet eine Art Tauziehen im Gehirn des Hundes statt. Dieses »Tauziehen« versucht der Mensch, durch bestimmte Trainingsmethoden für sich zu entscheiden, etwa indem er dem Hund Belohnungen gibt, wenn dieser gehorcht und seine Instinkte ignoriert.

Menschen, die Hunde haben, führen alle eine ähnliche Wunschliste. Der Hund soll

1. auf Zuruf kommen,
2. nicht an der Leine ziehen,
3. nicht raufen,
4. nicht jagen,
5. kein Essen klauen
6. niemanden anspringen

Alle genannten Verhaltensweisen sind artfremd für den Vierbeiner. Kein Hund sagt zu einem anderen »Sitz«, lobt ihn anschließend mit »Fein gemacht« und gibt ihm dann einen Keks. Kein Hund führt einen anderen an der Leine spazieren. Das braucht er auch nicht, denn für Hunde ist es ganz natürlich zusammenzubleiben. Die Leine lösen verbunden mit der Aufforderung »Lauf, geh spielen«, so etwas lernen Hunde erst von Menschen, meistens in der Welpenspielgruppe oder auf

Hat der Hund eine interessante Duftmarke in der Nase, möchte er sie »lesen«, egal, ob sein Mensch am anderen Ende der gespannten Leine hängt oder nicht.

Soll ein Hund auf Zuruf freudig kommen, muss der Mensch die Botschaft auch freudig aussenden.

der Hundewiese im Park. Und so schön es auch wäre: Allein durch Zuneigung und leckere Belohnungen lässt sich das instinktgesteuerte Verhalten eines Tieres nicht kontrollieren.

Die Kontrolle ist zwar notwendig, aber auch eine Gratwanderung. Denn das ständige Unterdrücken natürlicher, instinktiver Verhaltensweisen kann zu Verhaltensproblemen führen. Je spezialisierter eine Rasse ist, desto schwieriger ist es, sie als Familienhund in ihren Talenten zu fördern Nur wenige Hundebesitzer sind in der Lage, ihre Hütehunde Schafe zusammentreiben, ihre Wachhunde ein Grundstück verteidigen oder ihre Bauhunde buddeln zu lassen. Können die Hunde ihre Talente nicht ausleben, baut sich überschüssige Energie auf, die durch viel Bewegung und Beschäftigung abgebaut werden muss.

Gleiche Wellenlänge auf emotionaler Ebene

Halten wir fest: Während der Mensch geprägt ist durch seinen Intellekt und durch die Fähigkeit, an »das Höhere« zu glauben, ist beim Hund der Instinkt vorherrschend. Gefühle dagegen sind artübergreifend. Fühlen tun wir oft dasselbe oder zumindest ähnlich. Allerdings mit dem Unterschied, dass Hunde ihre Gefühle nicht so lange (unnötig) aufrechterhalten wie wir Menschen.

Dafür als Erklärung ein Beispiel: Ein Hund, der eine Stunde im Auto warten muss, zeigt bei Herrchens oder Frauchens Rückkehr nichts als helle Freude. Die Wartezeit scheint vergessen, denn JETZT ist der ersehnte Mensch ja wieder da, und schlagartig ändert sich die Stimmung des Hundes. In einer vergleichbaren Situation halten wir Menschen viel länger an der Vergangenheit fest. Die Freude über das Ende einer Wartezeit ist meistens getrübt durch Gedanken und Vorwürfe wie: »Warum hat das denn so lange gedauert?« oder »Wo bleibst du denn, ich habe mir schon Sorgen gemacht!« Von dieser Fähigkeit der Tiere, nur im Jetzt zu sein, können wir Zweibeiner uns ein Stück abschneiden. Viel zu lange halten wir oft an negativen Gedanken und Emotionen fest,

Beim Spielen mit Artgenossen sind Hunde hundertprozentig dabei, und wenn sie das Spiel abbrechen ebenfalls.

zeigen, dass etwas anderes wichtiger ist als wir. Wenn sie auf dem Sofa sitzen und zähnefletschend ihr Spielzeug verteidigen, fühlen wir uns hilflos. Denn weder nutzt es, ihnen imponieren zu wollen, noch unsere Schwächen hinter einer Fassade zu verstecken. Wer sich seiner selbst nicht sicher ist, kann auch nicht eindeutig kommunizieren.

Hunde machen klare Ansagen

Der Mensch, der seinen Hund artgemäß halten will, muss diesem neben Zuneigung und Bewegung auch Führung, Schutz, Sicherheit und Regeln bieten. Und damit tun sich viele Hundehalter schwer. So dauert es oft lange, bis wir Menschen erkennen, dass etwas im Familienverband oder in der Gruppe nicht stimmt. Haben wir es endlich bemerkt, untersuchen wir das Problem von allen Seiten, benennen es, verfolgen es zurück bis in die Kindheit und machen eine Ursache oder einen Schuldigen aus. Als Nächstes entwickeln wir Verständnis und Mitgefühl für den Betroffenen. Das ist menschlich gesehen auch richtig. Würden diese Probleme jedoch allein von Hunden gelöst werden, so wie sie es auch untereinander tun, herrschte schnell wieder Ruhe und Harmonie. Hunde stellen nerviges Verhalten bei Artgenossen einfach ab. Sie fragen nicht nach dem Warum. Sie stellen nur das natürliche Gleichgewicht wieder her und lassen die Vergangenheit ruhen.

obwohl die besorgniserregende Situation schon längst vorüber ist.

Hunde sind authentisch

Der deutsche Kommunikationspsychologe Friedemann Schulz von Thun hat festgestellt, dass ein Großteil unserer Energie in Imponier- und Fassadentechniken fließt. Erstere zielen darauf ab, die eigene »Schokoladenseite« vorzuzeigen. Durch Fassadentechniken versuchen wir, den »unansehnlichen« Teil der eigenen Persönlichkeit zu kaschieren. Unsicherheit, Neid, Naivität oder Rachsucht – Gefühle wie diese möchten wir vor unseren Mitmenschen am liebsten verbergen. Im Gegensatz dazu sehen Hunde keinen Sinn darin, ihre tatsächlichen Gefühle zu verstecken. Daher müssen wir uns nie fragen, ob ein Hund gerade nur so tut oder ob er sich wirklich freut. Hunde sind stets eindeutig in ihrer Kommunikation und verhalten sich authentisch. Und dafür lieben wir sie – manchmal. Wir lieben sie nicht, wenn sie jagen gehen, an der Leine zerren und uns

Wir dagegen sind schnell dabei, dem Hund Wahlmöglichkeiten zu geben. Er soll sich frei entscheiden dürfen, das »Richtige« zu tun. Er soll womöglich einsehen, dass er etwas nicht darf, und verstehen, dass wir es gut meinen, aber bestimmte Dinge einfach nicht gehen. Damit überfordert man den Hund.

Das Miteinander in einem Rudel oder in einer Gruppe ist dagegen einfach und klar geregelt: Deutlich, hin und wieder auch mal schmerzhaft sagen Hunde: »So nicht!« Oder auch: »Mach das so!« Hunde drücken sich aus, indem sie unmissverständlich handeln.

Hunde diskutieren nicht

Hunde können ihre Fehler weder einsehen noch ihr Tun reflektieren. Für eine partnerschaftliche Beziehung, die sich viele Menschen wünschen, wäre das allerdings unbedingt notwendig. Doch unser Verhältnis zum Hund ist keine Beziehung auf Augenhöhe. Denn Hunde denken nicht in Kategorien von Demokratie, Gleichberechtigung und Partnerschaft. Das sind menschliche Ideale. Für sie gibt es in einer Gemeinschaft einen, der führt, und andere, die geführt werden. Aber diese »Rudelhierarchie« ist weder starr noch einseitig, sondern bedeutet ständige Interaktion und Abgleich.

Besser als Wahlfreiheit ist es, dem Vierbeiner mit der Einstellung zu begegnen: »Ich stelle die Regeln auf und sage dir, was zu tun oder zu unterlassen ist, und du musst dich anpassen!« Dazu gehört natürlich auch, dem anvertrauten Wesen wohlwollend, liebevoll und mit Verständnis zu begegnen.

Hunde brauchen glaubwürdige Menschen

Hunde gehen an die Grenzen dessen, was ihre Besitzer zulassen. Das ist völlig normal und kein dominantes Verhalten. Dennoch müssen sie ein gewisses Maß an Disziplin lernen, um als Familienmitglied tragbar zu sein. Das ist vor allem in der Öffentlichkeit notwendig, wo es um Rücksicht geht und nicht darum, individuelle Ansichten über Erziehung durchzusetzen. Mit Imponier- und Fassadentechniken kommen wir bei Hunden nicht weiter. Zu schnell entlarven sie uns und durchschauen, dass wir nur eine Rolle spielen.

Die Zauberworte der Hundeerziehung heißen daher »Präsenz« und »Ausstrahlung«. Damit ist nichts anderes gemeint als eine innere Haltung, die sich in Körpersprache ausdrückt und beim Hund als Glaubwürdigkeit ankommt. Einem Hund klare Anweisungen zu geben, funktioniert nur zum Teil über Worte. Viel wichtiger als das, was gesagt wird, ist die innere Einstellung, die hinter dem Gesagten steht.

Gibt der Mensch seinem Hund Befehle und lässt dabei Kopf und Schultern hängen, weiß der Hund zwar, was gemeint ist, nimmt den Menschen aber nicht ernst. Wer seinen Hund ruft und innerlich zweifelt, ob er kommt, wird selten erhört. Denn die Botschaft ist vieldeutig, und das Gesagte steht nicht im Einklang mit dem Gefühl. Hunde dagegen kommunizieren immer authentisch, im Hier und Jetzt und über Körpersprache. Hunde nehmen auf, was ihnen entgegengebracht wird, ohne zu zweifeln oder darüber zu urteilen. Egal, ob wir sicher und eindeutig oder vage und unklar sind, sie reagieren darauf.

KÖNNEN HUNDE UNSERE WORTE VERSTEHEN?

Der Gebrauch von Worten ist einer der hervorstechendsten Unterschiede zwischen Mensch und Tier. Daher gilt Sprache vielfach als das Intelligenzkriterium schlechthin. Zu Unrecht. Seit wir wissen, dass Border Collie Rico nicht nur mehr als 200 Spielzeuge namentlich unterscheiden kann, sondern die Namen eines neuen Objekts per Ausschlussverfahren *(siehe Seite 127)* lernt, ist wissenschaftlich bestätigt, dass Intelligenz nicht zwangsläufig an Sprache gekoppelt ist. Um Rico zu testen, legten Forscher ein neues Spielzeug zwischen ihm bekannte Gegenstände und forderten ihn auf, es zu bringen, indem sie ein Wort gebrauchten, das Rico vorher noch nie gehört hatte. Anstatt verständnislos dreinzublicken und eines seiner Lieblingsspielzeuge zu holen, schnappte sich Rico zuverlässig das neue Objekt. Der Hund verstand also, dass das neue Objekt dasjenige sein musste, dessen Name er noch nicht kannte.

Verknüpfungen werden hergestellt

Inzwischen weiß man, dass Rico nicht der einzige Hund ist, der so etwas kann. Das Experiment zeigt, dass Hunde kognitiv in der Lage sind, Sprache im richtigen Zusammenhang zu erfassen. Es ist also keineswegs ausgeschlossen, dass Tiere unsere Sprache teilweise verstehen, auch wenn sie sie nicht sprechen können. Es wäre dennoch falsch zu sagen, dass Hunde Wörter verstehen. Übrigens ist Ricos Leistung längst Geschichte. Derzeitiger Rekordhalter ist Border Collie Chaser, der exakt 1022 Gegenstände anhand ihrer Bezeichnungen auseinanderhalten kann. Allerdings trainiert Herrchen John W. Pilley täglich vier bis fünf Stunden mit ihm.

Der Ton macht die Musik

Um ein Wort zu verstehen, muss man es von anderen unterscheiden können. Begriffe wie »Fritz«, »sitz«, »Spitz«, »Witz« können Hunde kaum auseinanderhalten. Für einen Hund namens Fritz das Hörzeichen »Sitz« zu verwenden, erschwert das Lernen. Besser ist es, Hörzeichen zu wählen, die sich deutlich voneinander abheben und anders klingen als der Name

Hat hier gerade jemand das Wort »Futter« benutzt?

Wer flüstert, hat oft mehr Chancen erhört zu werden. Denn lautes Schreien und ein harscher Kommandoton überdecken häufig nur die innere Unsicherheit des Menschen.

des Hundes. Noch wichtiger als einzelne Buchstaben ist für Hunde die Melodie unserer Sprache. Hohe Töne bedeuten etwas anderes als tiefe, ansteigende unterscheiden sich von abfallenden. Nicht umsonst gurren und zwitschern wir Hunden und Kleinkindern etwas vor, um sie zu loben.

Hunde hören gut

Und noch etwas: Wenn wir wollen, dass der Hund etwas befolgt, müssen wir nicht unbedingt schreien oder einen harschen Kommandoton anschlagen. Im Gegenteil, lautes Schreien hat ein souveränes Leittier nicht nötig. Wenn tatsächlich einmal eine Gefahr droht, beginnen wir fast unwillkür-

lich zu schreien. Viele Hunde gehorchen dann, weil der ungewöhnliche Tonfall ihre Aufmerksamkeit erregt. Es kann aber auch sein, dass unser Geschrei besonders sensible Hunde in die Flucht schlägt und wir damit also genau das Gegenteil von dem erreichen, was wir beabsichtigt hatten. Jedenfalls ist es wichtig, danach sofort wieder im leisen Alltagston weiterzusprechen.

Sie erleichtern es Ihrem Hund auch, Ihre Worte zu verstehen, wenn Sie Ihre Stimme modulieren. Bestimmt kennen Sie in Ihrem Bekanntenkreis jemanden, der monoton redet, und wissen, wie anstrengend ein Gespräch mit dieser Person ist. Nicht anders ergeht es Ihrem Hund.

Die eigenen Sinne durch den Hund erweitern

Was hat Sie als Professor für Kommunikationsdesign dazu bewogen, sich mit der Kommunikation zwischen Mensch und Hund zu beschäftigen?

Ich habe einen schwierigen Hund und dann bin ich über meine Arbeit am Thema Interface darauf gekommen.

Was bedeutet das: Interface?

Ich beschäftige mich beruflich mit der Gestaltung von Bedienoberflächen wie Internetseiten und Computerdisplays. Solche Bedienoberflächen sind immer in beide Richtungen durchlässig. Nicht nur ich steuere die Maschine, sondern die Maschine macht immer auch etwas mit mir.

Können Sie ein Beispiel dafür geben?

Alles was Sie benutzen und womit Sie umgehen hat eine Wirkung auf Sie selbst. Allein durch den Schuh den Sie tragen haben Sie einen bestimmten Eindruck von der Wirklichkeit. Sie fühlen den Boden nicht direkt, sondern nur vermittelt durch den Schuh. Je nachdem welchen Schuh Sie tragen ändert sich ihr Eindruck von der Wirklichkeit. Ist der Schuh zu eng, werden Sie einen anderen Tag erleben als wenn der Schuh passt.

Auch der Hund ist so ein Interface?

Durch einen Hund haben wir die Chance, die Welt durch eine ganz andere Brille zu

KAI BEIDERWELLEN IST MITGLIED DER DRK-RETTUNGSHUNDESTAFFEL

■ und Professor an der Fakultät für Gestaltung an der Hochschule Mannheim für interaktive Medien und Werbung

erleben. Ein Hund kann schneller laufen und mehr hören als wir. Oder nehmen Sie die Nasenarbeit. Niemand weiß genau wie das funktioniert und was die Hunde eigentlich riechen. Wir können nur akzeptieren, dass da eine ganz andere Welt ist in die wir nur ein wenig reinspitzeln können indem wir den Hund beobachten. Wenn wir es durch Kommunikation mit dem Tier dann noch schaffen, den Hund dazu zu bringen etwas für uns zu tun, was wir selbst nicht können, erfahren wir eine Erweiterung unserer selbst. Ich erweitere meine Sinne letztendlich durch den Hund.

Gibt es noch weitere Gründe, einen Hund zu halten?

Ich habe mal miterlebt, wie ein magersüchtiges Mädchen mit Hilfe eines Hundes therapeutisch behandelt wurde. Das war eine ganz klare Geschichte: Wenn das Mädchen sich als »Opfer« dem Hund gegenüber verhalten hat, war das Tier desinteressiert. Ging sie aber hin und sagte: »Du, ich habe hier eine Absicht«, begab sie sich also in eine handelnden Position, war der Hund aufmerksam, folgsam und hat sich für sie interessiert.

Demnach erfahre ich durch den Hund etwas über mich selbst?

Ja, denn einen Hund erreicht man nur wenn man achtsam ist. Ich meine Achtsamkeit, also Präsenz, wie sie auch im Yoga gelehrt wird. Ein Hund weist einen ständig darauf hin, wie präsent man ist, wie der Zen Meister, der einem ab und zu mit dem Stöckchen auf den Nacken haut, um einen zu überprüfen.

Das klingt nach Arbeit nicht nach Freizeit und Entspannung

Ich unterscheide nicht so zwischen Arbeit und Freizeit, sondern sehe den Hund als Möglichkeit ganz bei mir und entspannt zu sein. Das sollte man eigentlich immer sein und nicht auf ein paar Stunden Arbeit oder Freizeit begrenzen. So ein anspruchsvoller Hund ist ein gutes Mittel dagegen, nicht in irgendwelche Nachlässigkeiten zu verfallen. Natürlich ist ein Hund kein Mittel gegen schlechte Stimmungen oder Depressionen, wenn man sie schon hat. Aber er hilft, die innere Balance zu halten und nicht ständig in Gedanken über irgendwelche Probleme zu versinken. Man lernt, mit seiner Aufmerksamkeit im Hier und Jetzt zu bleiben.

Viele Hundehalter erwarten etwas anderes, nämlich eine Partnerschaft

mit dem Hund, die ihnen Nähe und Zuneigung gibt.

Wer die Erwartungen, die er an einen Hund hat nicht klar kommunizieren kann, kann auch nicht erwarten, dass der Hund sie widerspiegelt. Deshalb sind so viele Leute unglücklich wenn sie sich einen Hund aus dem Tierheim holen und feststellen müssen, der ist ja gar nicht dankbar! So einen moralischen Aspekt kann ich dem Hund gar nicht abverlangen. All diese emotionalen Bedürfnisse nach Nähe und Freundschaft kann der Hund nicht bedienen, im Gegenteil er wird seinem Menschen einfach nur mehr Stress bereiten. Wenn sich Leute einen Hund in ein soziales Gefüge holen das sowieso schon unsicher und kipplig ist, dann wird der Hund kipplig und unsicher sein und das Ganze nur noch verstärken.

Was hat Sie persönlich bewogen sich gleich zwei so anspruchsvolle Hunde zuzulegen?

Der Reiz, nicht nur auf andere Art zu kommunizieren, sondern mich sogar auf eine andere Denkweise einzulassen. Wir Hundehalter kommunizieren mit einem Wesen, das so gut wie keine unserer menschlichen Kommunikationsformen beherrscht. Mit Sprache können wir dem Hund nicht kommen, unsere moralischen Vorstellungen sind beim Hund nicht vorhanden. Wir müssen also eine andere Art finden zu kommunizieren. Was nicht heißt den Hund zu imitieren. Wichtig ist vielmehr, dass man mitbekommt, dass der Hund es eigentlich viel schneller schafft, sich auf den Menschen einzustellen als umgekehrt.

YOUR DOG
IS WATCHING YOU …

Ein Hund, der uns ansieht, schenkt uns seine Aufmerksamkeit. Kein anderes Tier beobachtet uns Menschen und deutet unser Verhalten mit so viel Interesse. Wahrscheinlich betrachtet Ihr Hund Sie jetzt gerade, während Sie dies lesen, und fragt sich, was Sie wohl als Nächstes tun werden. Ganz anders verhalten sich die unzähligen Milben, Spinnen und Fliegen, mit denen wir zwangsläufig unser Heim teilen. Selbst die Katze verschwendet kaum einen Blick in unsere Richtung. Unser Hund dagegen kennt unsere

Gewohnheiten ganz genau. Er weiß, um welche Zeit wir morgens aufstehen, wie lange wir im Bad brauchen, was wir gern essen, wen wir mögen und wen nicht. Er weiß außerdem stets, wie wir uns fühlen. Wahrscheinlich kennt uns unser Hund viel besser, als wir uns.

Hunde lernen durch Beobachtung

Zugucken hilft Hunden nicht nur, uns Menschen besser zu verstehen. Auch Probleme werden schneller enträtselt, wenn Hunde deren Lösung vorher beobachten dürfen. Stellt man beispielsweise eine volle Futterschüssel hinter einen Zaun,

Aufmerksam beobachtet der Dackel jede Bewegung seines Menschen. Er weiß genau, dass er gleich wieder allein zu Hause bleiben muss, weil sein Zweibeiner genau dieses Paar Schuhe anzieht.

*Kaum ein Hundehalter, der sich nicht
von den bittenden Blicken seines Tieres
um den Finger wickeln lässt.*

begreift Bello meistens erst dann, dass
er um das Hindernis herumlaufen muss,
wenn er vorher irgendjemanden beobachten konnte, der dies tat. Dabei ist es egal,
ob es sich bei diesem »irgendjemand« um
einen Menschen, Hund oder ein fernge-
steuertes Spielzeugauto handelt. Allein
die Bewegung in der Nähe des Problems
zu beobachten, legt den Fokus auf die
richtige Stelle und reicht für Hunde aus,
sich selbst eine Lösung zu erarbeiten. Das
heißt, sie lernen nicht nur unmittelbar
durch Beobachtung und Imitation, sondern entwickeln auf der Basis des Beob-
achteten eine eigene Vorgehensweise.

Beobachtung – Schlussfolgerung – Erwartung

Wir Menschen wissen: Eins und eins ist
zwei. Doch Zählen ist kein Privileg der
Primaten. Auch von Kolkraben weiß man,
dass sie zumindest bis vier zählen können.
Sie sind aber nicht die einzigen »mathe-
matisch begabten« Vögel. Versuche ergaben, dass Papageien und Tauben ebenfalls
dazu in der Lage sind, Tauben können
sogar abstrakte Rechenregeln lernen.
Und der Hund? Weiß auch Bello, dass
eins und eins zwei ist? Britische und
brasilianische Wissenschaftler glauben:
Ja. Das Team hatte elf Mischlingshun-
den Futterstücke in unterschiedlicher
Zahl präsentiert. Die Tiere schienen
dabei den Inhalt verschiedener Näpfe
zusammenrechnen zu können. Wurde das

Experiment nämlich so manipuliert, dass
etwa eins und eins drei ergab, reagierten
die Tiere verwirrt. Dazu muss man wissen,
dass Wissenschaftler in Versuchen mit
Probanden, die nicht sprechen können,
wie etwa Kleinkinder oder Tiere, als Maß
die Zeitspanne der Verwunderung nehmen, mit der ungewöhnliche Situationen
betrachtet werden. Ungewöhnliches wird
länger betrachtet als Erwartetes. Und in
der Tat schienen die Hunde mit den Er-
gebnissen »eins« bzw. »drei« nicht einverstanden zu sein, denn sie starrten länger
auf die Futterschalen, wenn die Zahl der
Leckereien darin nicht ihrer Erwartung
entsprach. Solange beispielsweise eins
und eins wirklich zwei ergab, zeigten die
Hunde kein ungewöhnliches Verhalten.

SPEZIELLE STRATEGIEN FÜR DEN MENSCHEN

Wer kennt sie nicht, die Hundeblicke bei Tisch, die das Wurstbrot vom Teller direkt ins Hundemaul wandern lassen sollen? Sie werden vom Menschen häufig als bittend missdeutet, und allzu oft reagiert der Zweibeiner, indem er sich erweichen lässt und dem Hund ein Stück seiner Mahlzeit abgibt. Für den Hund ist diese Reaktion nur die Bestätigung seines Verhaltens und zeigt ihm, dass er in der Lage ist, »seinen« Menschen zu manipulieren. Hunde beobachten uns aufmerksam und wissen genau, wie sie unsere Aufmerksamkeit erregen oder uns zu etwas auffordern können, um ihre Ziele zu erreichen.

Erfolgsorientiertes Verhalten

Hunde können sehr kreativ werden, um etwas zu bekommen. Zu den häufigsten Strategien zählen: Körperkontakt herstellen, bellen, ein lautes Geräusch machen, anspringen, anstarren oder anstupsen. Weniger auffallende Mittel sind, sich direkt vor jemanden zu stellen, leise zu winseln oder den Blick ständig zwischen Mensch und einem interessanten Objekt hin- und herwandern zu lassen. Wie flexibel Hunde darin sind, unsere Aufmerksamkeit zu er-

Sammy und ich

»Erst hat er mich fixiert, dann angemault. Aber ich habe mich einfach nicht daran gestört und die Leine an meinen Hosenbund gebunden. Mir war das egal«, erzählt Rettungshunde-Ausbilder Armin Schweda. Armin sollte eine Stunde auf Sammy aufpassen, während ich zusammen mit meinem Besuch aus Amerika in ein Museum gehen wollte. »Ich habe mich auf eine Bank gesetzt, die Schuhe ausgezogen und in der Sonne gedöst«, erzählt er weiter. »Dann hat das Kerlchen angefangen, mich zu bedrängen, und ist ständig an mir hochgesprungen. Daraufhin habe ich meine Jacke auf die Bank gelegt und den Hund da draufgesetzt.

Aber Sammy ist ständig rauf- und wieder runtergehüpft. Also habe ich ihn festgehalten. Daraufhin hat er irgendwann angefangen, stark zu hecheln. Aus diesem Grund habe ich mir die Schuhe wieder angezogen – davon war er begeistert – und bin mit ihm in Richtung Museum gelaufen. Aber als ich an der magischen Tür, hinter der du verschwunden bist, vorbeilaufen wollte, hat er alle vier Pfoten in den Boden gestemmt – nach dem Motto: Stopp, wir sind schon zu weit! Aber ich bin einfach weitermarschiert ins Cafe und habe mir ein Eis geholt. Ab da war er völlig fixiert und wollte Schokoladeneis. Frauchen war vergessen.«

regen, stellen sie täglich unter Beweis. Die Art und Weise, wie sie Aufmerksamkeit herstellen, weist auch auf ihren Charakter hin. Auch unter Hunden gibt es zurückhaltende und fordernde Persönlichkeiten.

Wer bewegt wen?

Aus Hundesicht funktionieren die meisten Menschen prima. Ein »treuer« Hundeblick, und schon gibt es ein Leckerchen. Ein bisschen Rumkläffen, schon macht Frauchen die Leine los. Trotzdem, auf die Frage: »Manipuliert Sie Ihr Hund?« werden die meisten Besitzer mit Nein antworten. Doch in vielen Alltagssituationen setzen Hunde gezielt ihre Wünsche durch, ohne dass wir uns dessen bewusst sind. Denn in der Regel geschieht dies völlig aggressionsfrei. Will der Hund nach draußen, geht er zur Tür und kratzt daran. Der Hund möchte schmusen, legt sanft seinen Kopf auf Ihren Schoß und sieht so dermaßen rührend aus, dass Sie ihn umgehend liebkosen. Etwas später fällt ihm ein, dass er gern spielen würde und holt seinen Ball. Sie gehen darauf ein, denn schließlich wissen Sie ja, wie wichtig es ist, sich mit dem Tier zu beschäftigen. In allen Fällen ist das Gleiche passiert: Der Hund hat agiert, Sie haben reagiert! Das einfachste Mittel, diese Strategien zu durchbrechen, ist, nicht berechenbar zu sein. Sich mal überraschend anders zu verhalten, als der Hund es erwartet, kann die Beziehungswaage rasch wieder ins Lot bringen.

Die freundlich gekräuselte Nase

Manche Hunde haben sogar Verhaltensweisen entwickelt, die sie nur dem Menschen gegenüber zeigen. Die Verhaltenskundlerin Dr. Dorit Feddersen-Petersen entdeckte, dass Hunde unser Verhalten imitieren. So zeigen zum Beispiel Dalmatiner sehr häufig ein Verhalten, das unserem Lächeln entspricht *(siehe Seite 59)*. Das heißt, sie entblößen die Zähne – eigentlich eine Drohgeste – in einem nicht aggressiven Sinnzusammenhang.
Auch das bereits auf Seite 52 beschriebene Schieflegen des Kopfes ist ein Verhalten, das Hunde vor allem uns gegenüber zeigen. Da diese Geste viele Hundehalter dermaßen entzückt, dass alle guten Erziehungsvorsätze über Bord geworfen werden, animieren sie ihre Hunde geradezu, dieses Verhalten einzusetzen, wenn sie etwas erreichen möchten.

Hund *und* Mensch *im* Dialog

TANJA SCHWEDA ARBEITET ALS HUNDETRAINERIN, COACH UND ERLEBNISPÄDAGOGIN

- Seit über 20 Jahren bildet sie mit ihrem Mann, Armin Schweda, Dienst-hunde zur Personensuche aus.

Was klappt in der Kommunikation von Mensch und Hund oft nicht?

Die Hundesprache ist zunächst mal für die meisten eine Fremdsprache, und die lässt sich nicht von heute auf morgen lernen. Schnell beherrschen Sie erste Vokabeln wie »Guten Tag« und »Auf Wiedersehen«, doch wenn Sie ein anspruchsvolles Gespräch führen oder ein tieferes Verständnis für die Kultur entwickeln wollen, dauert das einfach seine Zeit. Und dann gibt es Menschen, die mehr Talent für eine Sprache haben als andere.

Was bringen Sie einem Hundeneuling denn als Erstes bei?

Zunächst einmal die Basisgesten. Dazu gehört das Herankommen. Das geht zuerst natürlich körpersprachlich, nämlich vom Hund weglaufen, sich klein machen oder sich sogar verstecken. Gleichzeitig muss ich dem Neuling erklären, dass der Hund an sich ein Opportunist ist. Es muss sich für ihn also lohnen, zu seinem Menschen zu kommen. Damit meine ich nicht, den Hund fürs Herankommen ständig mit Futter zu belohnen, sondern ich meine, dass der Mensch die richtige Einstellung braucht, um für einen Hund attraktiv zu sein. Wenn nur das Futter attraktiv ist, ist der Mensch austauschbar und die Beziehung unverbindlich.

Welche Einstellung meinen Sie?

Wenn ich körpersprachlich alles richtig mache, aber das wahrhaftige Gefühl dazu nicht habe, sondern nur wie ein Roboter ausführe, was der Hundetrainer sagt, wird der Hund nach dem dritten Mal nicht mehr herankommen. Denn dann passiert dort nicht das, was der Hund sich erhofft hat, im Sinne von da will jemand aufrichtig mit mir spielen oder mich aufrichtig loben. Wenn ich also als Strategie wähle, weg vom Hund zu gehen, damit er mir folgt, dann wird der Hund das schnell als Kalkül enttarnen. Denn es fehlt die Einstellung: »Ich weiß, wo ich hin will, und wenn du mitkommen möchtest, darfst du mir folgen.« Wer nur mechanisch agiert, kommt ganz schnell an Grenzen. Zu der richtigen Körpersprache gehört auch das passende Herz.

Welche weiteren wichtigen Gesten gibt es?

Zu den Basissignalen gehört auch die Freigabe. Neben einem Abbruchsignal, also einem Wort für etwas, das verboten ist, ist die Freigabe das wichtigste Hörzeichen. Ich treffe immer wieder Leute, die länger in einer Hundeschule waren und noch nie von einem Freigabezeichen gehört haben.

Warum ist die Freigabe so wichtig?

Weil ohne die Freigabe keine Zuverlässigkeit entstehen kann. Dann führt der Hund ein Kommando nur so lange aus, wie er möchte, und beendet die Übung oder das Gespräch selbstständig.

Welche Fähigkeiten braucht ein guter Hundehalter?

Sicherheit und einen gesunden Menschenverstand! Er sollte sich darüber klar sein, was er erwartet und wie seine Beziehung zum Hund aussehen soll. Er sollte präzise sagen können, was er will. Wichtig ist es auch, sich bewusst zu machen, was mein Hund mit mir machen darf. Darf er mich anrempeln, mich auffordernd anbellen, mich an der Leine zu etwas hinziehen? Außerdem ist es gut, wenn der Mensch Körperbewusstsein besitzt, ihm also klar ist, was sein linker Fuß, seine Augenbraue oder sein Zeigefinger gerade tut, während er dem Hund ein Hörzeichen gibt.

Und »gesunder Menschenverstand«?

Bei manchen Menschen sehe ich sofort, das wird klappen, ohne dass die viel Ahnung von Hunden haben. Aber die stehen im Leben und sind für sich geordnet. Die haben mit sich nichts auszumachen.

Denen kann man einen Hund oder ein Pferd in die Hand geben, und es wird funktionieren, weil sie mit sich selbst im Gleichgewicht sind. Und die lassen sich weniger manipulieren, weil sie selbstbewusst sind. Wenn ich mit mir selbst nicht im Reinen bin, wird der Hund sehr schnell herausfinden wo er ansetzen muss.

Kommt es häufig vor, dass Hunde ihre Menschen manipulieren?

Jedes Mal, wenn er mich lieb anschaut und ich streichele ihn oder rücke ein Stück Futter raus, hat der Hund mich zu etwas bewegt. Jedes Mal, wenn er an der Leine zieht und ich es geschehen lasse, kommt er zum Ziel. Das ist im Einzelfall nicht schlimm, die Summe ist entscheidend. In der Summe sollte der Mensch die Entscheidungen treffen, nicht der Hund.

Was tun gegen Manipulation?

Manipulation bedeutet, absichtlich etwas zu tun, um jemanden zu etwas zu bewegen, damit man an sein Ziel kommt. Auch Hunde haben Ziele, sie wollen rennen, fressen, Beute machen, spielen, sich fortpflanzen usw. Und natürlich manipuliert der Hund, solange das Verhältnis zwischen ihm und seinem Menschen ein Gegeneinander ist und jeder versucht, seine eigenen Ziele durchzusetzen. Jetzt wäre es doch schlau zu sagen, unsere Ziele vereinbare ich. Selbstverständlich, manche Ziele wie jagen oder sich unkontrolliert fortpflanzen lassen sich nicht vereinbaren. Vieles andere aber schon. Wenn der Hund das Gefühl hat, er bekommt das, was ihm wichtig ist, aber in Zusammenarbeit mit mir, dann arbeitet er mit.

WAS MENSCHENBLICKE HUNDEN BEDEUTEN

Zwischen Menschen und Hunden stellt Blickkontakt meistens keine Bedrohung dar. Hunde haben sich daran gewöhnt, dass wir sie direkt anschauen, und wissen, dass wir dennoch meist freundliche Absichten haben. Bei einem fremden Hund sollte man immer Vorsicht walten lassen und direkten Blickkontakt vermeiden, um ihn nicht doch zu provozieren.

Weil Hunde uns in die Augen sehen, behandeln wir sie noch ein bisschen mehr wie Menschen. »Der versteht ja alles«, denken wir oft. Er versteht uns ja auch tatsächlich sehr gut. Er ahmt uns nach, und damit sind uns seine Verhaltensweisen vertraut, was uns dazu verleitet, den Hund wie unseresgleichen zu sehen. So wenden wir die Regeln menschlicher Kommunikation auch auf den Vierbeiner an, etwa indem wir erwarten, dass der Hund uns ansieht, wenn wir mit ihm sprechen. Viele Hunde kommen überraschend gut damit klar, bei anderen müssen wir uns mehr auf die Hundesprache einstellen, damit keine Missverständnisse entstehen.

Hunde folgen dem Blick des Menschen

Wer angeschaut wird, fühlt sich angesprochen – das gilt offenbar nicht nur für Menschen. Ein Experiment hat ergeben, dass auch Hunde auf sie gerichtete Blicke interpretieren. Forscher der Ungarischen Akademie der Wissenschaften in Budapest spielten 61 Hunden verschiedene Videos vor. In einem wandte sich eine Frau demonstrativ dem Hund zu, sagte mit hoher Stimme »Hallo Hund« und blickte dabei direkt in Richtung des Tieres. In einem zweiten Video fehlte die direkte Hinwendung. Die Frau grüßte mit tiefer Stimme und ohne Augenkontakt. In allen Videos blickte sie anschließend auf einen von zwei Behältern, die rechts und links von ihr auf einem Tisch standen. Das Ergebnis: Die Hunde folgten vor allem dann dem Blick der Frau, wenn sie zuvor direkt angeschaut und mit hoher Stimme angesprochen worden waren. Ähnliche Versuche mit Kindern von etwa einem halben Jahr hatte das gleiche Ergebnis. Hunde wissen also offenbar ebenso gut wie kleine Kinder, wann sie gemeint sind.

Erziehungs–TIPP

Gezielte Blicke lassen sich auch zum Training nutzen. Statt den Hund zu rufen, wenn er mal wieder an einem Mauseloch buddelt oder vertieft die Duftbotschaften am Wegesrand studiert, können Sie Folgendes probieren: Werfen Sie ein Futterstück auf den Boden und betrachten Sie es so intensiv, als ob Sie einen exotischen Gegenstand vor sich liegen hätten. Lassen Sie sich ruhig einige Minuten Zeit und warten Sie auf den Boden starrend ab, ob Ihr Hund neugierig wird und wissen will, was denn da so Interessantes ist. Kommt er heran, können Sie ihn mit dem Futterstück belohnen.

Wenn Hunde mit den Augen reden

Hunden fehlen zwar Hände und Finger, um auf etwas deuten zu können, dafür setzen sie aber ihre Augen mit außerordentlichem Geschick und großer Wirksamkeit für diesen Zweck ein. Bei einem wissenschaftlichen Experiment am Max-Planck-Institut in Leipzig versteckte der Versuchsleiter eine Leckerei an einer für den Hund unzugänglichen Stelle. Das Tier sah ihm dabei zu. Dann verließ der Wissenschaftler den Raum und der Besitzer kam herein. Viele der Hunde, mit denen dieses Experiment gemacht wurde, versuchten nun, mit verschiedensten Mitteln die Aufmerksamkeit ihres Besitzers zu erregen und ihm eine Botschaft zu übermitteln. Eindeutig betrachteten sie ihn als ein Werkzeug, mit dessen Hilfe sie an den Keks gelangen wollten. Einige Hunde versuchten, ihre Botschaft durch Hin- und Herblicken zwischen ihrem Halter und dem Versteck zu übermitteln. Sie zeigten also mit Blicken an, was sie haben wollten. Wie bewusst Hunde tatsächlich handeln, wenn sie ihre Bettel-Miene aufsetzen, ist noch unklar. Um solchen strategischen Manövern auf die Spur zu kommen, untersuchen Verhaltensforscher derzeit die Gesichtsmimiken von Hunden. Es wird überprüft, inwiefern ein bestimmter Gesichtsausdruck Einfluss auf uns Menschen hat, und ob Hunde diese Mimiken bewusst nutzen, um uns zu beeinflussen. Falls ja, sei dieses Verhalten nicht ungewöhnlich, meint die Zoologin Juliane Kaminski. Den Chef auszutricksen, um sich selbst Vorteile zu verschaffen, sei eine weitverbreitete Eigenart unter Tieren und nicht nur typisch für Hunde.

TEST

Bitten Sie ein Familienmitglied, das Lieblingsspielzeug des Hundes oder einen Leckerbissen so zu verstecken, dass der Hund keine Chance hat daranzukommen. Dann betreten Sie den Raum. Wird Ihr Hund Ihnen durch sein Verhalten verraten, wo das Spielzeug oder das Futter versteckt ist? Welche Strategie wählt er?

Hunde spüren unseren Blick

Ein weiteres von den Leipziger Wissenschaftlern durchgeführtes Experiment zeigt, dass Hunde sogar unterscheiden zwischen Menschen, die ihnen hilfreich sein können, und Menschen, bei denen das nicht der Fall sein wird. Sind einer von zwei Personen, die beide ein Wurstbrot essen, die Augen verbunden, bettelt der Hund nur die an, die sehen kann. Hunde wissen also um die Bedeutung des Sehens. Zudem registrieren sie genau, wie aufmerksam jemand ist, und passen ihr Verhalten entsprechend an. Hunde verstehen, wann die Aufmerksamkeit des Besitzers auf sie gerichtet ist. Studien haben gezeigt, dass sie häufiger verbotenes Futter fressen und Kommandos schlechter befolgen, wenn der Mensch abgelenkt ist. Wir sagen etwa »Platz!« und der Hund legt sich brav hin. Allerdings nur so lange, wie wir ihm unsere Aufmerksamkeit widmen. Beschäftigen wir uns mit etwas anderem, während der Hund liegen bleiben soll, oder gehen sogar aus dem Zimmer, heben Hunde, die nicht entsprechend gut ausgebildet sind, das Kommando selbstständig wieder auf.

Hunde
agieren nach bestimmten
Handlungsmustern

Hundeverhalten folgt biologischen Zielsetzungen und ist keineswegs zufällig. Sowohl Furcht, Angst und Aggression als auch Demutsgesten erfüllen bestimmte Zwecke. Hunde haben Bedürfnisse, sie wollen fressen, rennen, sich fortpflanzen. Sie suchen Nähe, Zugehörigkeit und Sicherheit. Nur ein Hund, dessen Bedürfnisse erfüllt werden, ist ein zufriedener und ausgeglichener Sozialpartner.

Um Hunde und ihre für uns manchmal merkwürdig anmutenden Verhaltensweisen besser zu verstehen, ist es hilfreich, diese je nach Zweck in verschiedene Funktionskreise zu untergliedern, nämlich in

- stoffwechselbedingtes Verhalten
- Sozialverhalten
- Sexualverhalten
- Explorationsverhalten
- Komfortverhalten
- Ruheverhalten
- agonistisches Verhalten

Unter »agonistischem Verhalten« versteht man jede Form von Droh-, Kampf- und Fluchtverhalten. Mit Explorations- oder Erkundungsverhalten ist sowohl das aktive Eindringen eines Tieres in zuvor nicht besuchte Areale als auch die Kontaktaufnahme zu neuen, unbekannten Dingen oder Lebewesen im bereits bekannten Umfeld gemeint. Die Funktionskreise können sich teilweise überschneiden oder gleiche Verhaltenselemente oder -muster enthalten. Das Jagen gehört zum Nahrungserwerb, der wiederum dem Funktionskreis des stoffwechselbedingten Verhaltens untergeordnet wird. Auch das Stehlen und Fressen von Nahrung sowie das Ausscheidungsverhalten gehören zu diesem Funktionskreis. Territoriales Verhalten zählt dagegen zum Sozialverhalten. Ebenso die Kommunikation mit Artgenossen oder Problemverhalten wie Stereotypien.

Das Verhalten bzw. die Funktionskreise laufen in der Regel immer nach den gleichen Mustern ab. Dies macht den Hund für uns ein Stück weit kalkulierbar. Allerdings können sich einzelne Verhaltensmuster des Hundes durch jahrtausendelange Zucht von denen des Wolfes ein wenig unterscheiden oder sie sind unvollständig. So ist bei vielen Hunden zum Beispiel beim Jagen die ursprüngliche Funktionskette orten – fixieren – anpirschen – hetzen – zupacken – töten unvollständig *(siehe Seite 158)*.

Damit sich ein Hund wohlfühlen kann, müssen seine Bedürfnisse erfüllt sein.

VERHALTEN BEI KONFLIKTEN

Wenn es brenzlig wird, reagieren Menschen und Tiere nach archaischen Mustern: Wir kämpfen (»fight«), flüchten (»flight«) oder erstarren (»freeze«). Der Hund kennt noch eine vierte Abwehrstrategie, nämlich das Ablenken durch ein zur Angst nicht passendes Verhalten (»flirt«). Das können Übersprunghandlungen sein oder eine Spielaufforderung mit dem Ziel, die Bedrohung abzuwenden. Der Gefühlszustand, der hier zugrunde liegt, ist jedoch gleich. Welcher Hund welches Verhalten zeigt, hängt von seinen Erfahrungen, seinem Temperament und der Situation ab.

»flight«, »freeze«, »flirt«, »fight«

Im Zusammenleben mit uns Menschen zeigen Hunde diese vier Handlungsmuster

INFO

Die vier »F«

Im Umgang mit einer bedrohlichen oder unangenehmen Situation haben Hunde genau vier Möglichkeiten:
- »flight«: fliehen oder flüchten
- »freeze«: einfrieren oder starr vor Angst werden
- »flirt«: ablenken durch ein zur Angst nicht passendes Verhalten
- »fight«: angreifen oder kämpfen

häufig auch dann, wenn wir ihnen etwas abverlangen: in den Kofferraum springen, die Nähe eines Fremden aushalten, Körperpflege oder eine Tierarztuntersuchung über sich ergehen lassen. Ein Hund, der Angst vor Menschen hat, wird meistens fliehen oder sich irgendwo verstecken. Steht dieser Hund aber auf dem Untersuchungstisch beim Tierarzt, ist Flucht keine Option mehr, und er wird womöglich erstarren und für einige Sekunden regungslos dastehen, in der Hoffnung, dass der »Angreifer« ihn nun nicht mehr wahrnimmt. Das ist in dieser Situation natürlich wirkungslos. Daher könnte es sein, dass er als Nächstes einen »Flirtversuch« startet, indem er versucht, die Mundwinkel des Tierarztes zu lecken. Befreit auch dieses Verhalten den Hund nicht aus seiner vermeintlich unangenehmen Lage, bleiben ihm als Ausweg nur noch der Angriff oder die Kooperation.

Hunde lernen schnell, dass sie sich durch das Anwenden bewährter Abwehrstrategien ungeliebten Umständen entziehen können oder den Menschen dazu bringen, Futter rauszurücken. Denn aus Menschensicht ist in vielen Situationen keines der vier »F« gefragt. Wir möchten vielmehr, dass der Hund lernt, sich an uns zu orientieren, sich anzupassen, einzuordnen. Wer seinen Hund nicht ständig mit Leberwurst dazu bringen will, zu kooperieren, dem bleibt manchmal nichts anderes übrig, als Konflikte anzunehmen und sämtliche Strategien, die der Hund zeigt, zu beantworten, bis er das gewünschte Verhalten anbietet. Generell zeigen Hunde zuerst das Handlungsmuster, welches bisher den meisten Erfolg gebracht hat. Kämpfen wird oft als letzte Möglichkeit eingesetzt,

Wegschauen und erstarren (freeze) ist eine bewährte Strategie, um sich einer unangenehmen Aufgabe zu entziehen.

da hierbei ein hohes Verletzungsrisiko besteht. Ausnahmen bilden Hunde, die häufig die Erfahrung machen, dass Herrchen oder Frauchen von ihren Forderungen ablassen, wenn man ihnen ordentlich droht. Nachgiebige Hunde lenken bereits nach der ersten erfolglos eingesetzten Strategie ein und fügen sich. Andere zeigen das gesamte Spektrum. Hat der Hund also erkannt, dass er nicht fliehen kann, weil er zum Beispiel an der Leine ist, kann er nur noch erstarren, albern werden oder ablenken, angreifen oder kooperieren.

Stress oder einfach keine Lust?

Ist der psychische oder emotionale Druck groß, zeigt der Hund auch Stresssymptome oder Konfliktbewältigung durch Übersprunghandlungen oder Beschwichtigungssignale. Wird beispielsweise von einem Hund verlangt, nah an einem anderen, fremden Hund vorbeizugehen, kann es sein, dass ein Tier, das eine große Individualdistanz braucht, sich ständig mit der Zunge über das Maul leckt, gähnt, den Kopf abwendet oder demonstrativ am Boden schnüffelt. Hier braucht es Fingerspitzengefühl, um zu entscheiden, ob die Aufgabe vereinfacht werden soll oder der Stress dem Hund kurzzeitig mal zugemutet werden kann.

Aber wie lässt sich das eine vom anderen unterscheiden? Hilfreich ist es zu fragen: Kann der Hund die Aufgabe nicht lösen oder will er sie nicht lösen? Wenn er sie

Will man den Hund zur Mitarbeit bewegen, muss man sich klar ausdrücken und entsprechende Hilfestellungen geben.

nicht lösen kann, weil er es psychisch nicht schafft, so nah bei einem fremden Hund zu sein und dabei entspannt zu bleiben, sollte man besser für mehr Raum sorgen oder einen Bogen laufen. Wenn der Hund eine gestellte Aufgabe nicht lösen will und sich aktiv dagegen entscheidet,

Soll der Hund eine bestimmte Übung ausführen, will aber nicht, kann er diesem inneren Konflikt durch Zeigen eines Verhaltens ausweichen, das seinen Menschen ablenkt.

dürfen Sie auch mal punktuell Druck aufbauen. Dies wäre etwa der Fall, wenn der Hund aggressiv gegen Artgenossen ist, da Pöbeln Spaß macht und sich gut anfühlt.

Angst und Leid beim Hund erkennen

Schlechte Erfahrungen können einen Hund traumatisieren und ängstlich oder übermäßig aggressiv machen. Manche Verhaltensstörungen sind durch mangelhafte Sozialisierung entstanden, andere wurden erlernt. Daher ist es erst mal wichtig, zwischen dem natürlichen Verhalten des Hundes und dem, das er momentan zeigt, zu unterscheiden.

Und noch etwas gilt es zu beachten: Die Grenzen zwischen normaler Angst und einer Angststörung sind fließend. Hunde, die wirklich leiden, sind selten proaktiv. Ein Hund, der Angst hat, tut alles, um nicht aufzufallen. Er geht weder aktiv auf einen Menschen zu noch wendet er gezielt Strategien an, um Ziele zu erreichen. Er ist Fremden gegenüber weder neugierig noch aufgeschlossen, sondern insgesamt verunsichert bis scheu, je nachdem, wie schwer die Störung ist.

Ein Trauma entsteht, wenn Erlebnisse in einem Lebewesen andauernde Gefühle von Stress, Hilflosigkeit oder Entsetzen auslösen. Hierdurch können die normalen Verarbeitungsprozesse im Gehirn blockiert werden, und es kommt zur Ausbildung von psychischen Symptomen. Hunde mit einem leichten Trauma zeigen alle Verhaltensweisen, die bei Angsthunden beschrieben werden, nur wesentlich ausgeprägter. Stärker traumatisierte Tiere zeigen hin und wieder stereotype Handlungen wie Kreiseln oder andauerndes Hin- und Herlaufen, um sich damit zu beruhigen. Möglich sind auch ein Totalausfall des Komfort- und Spielverhaltens. Sie verlieren jegliches Interesse an der Umwelt, sind apathisch bis hin zum Sich-tot-stellen. Der traumatisierte Hund versucht im Gegensatz zum Angsthund weder zu fliehen noch zu schnappen. Wichtig ist, einem ängstlichen oder traumatisierten Hund da zu begegnen, wo er ist: im Hier und Jetzt.

Das hündische »Flirt«-Repertoire

Ein Hund, der einem Konflikt ausweicht, indem er »flirtet«, kommuniziert – ob er nun zum Spiel auffordert oder zu einem »Gespräch« über Beute, indem er ein Stöckchen aufnimmt und damit wegrennt. Menschen gegenüber reagieren Hunde gern auch mit Verhaltensmustern, die uns ablenken oder zum Lachen bringen. Das gezeigte Verhalten ist abhängig von Rasseeigenschaften, Erfahrungen, der körperlichen Fitness und dem jeweiligen Kontext. Hat der Hund gelernt, dass ein Verhalten die Distanz zwischen ihm und dem stressauslösenden Reiz vergrößert, wird er dieses Verhalten öfter zeigen und irgendwann als Gewohnheit etablieren.

INFO

Flirtfaktor Hund

In einer vom Forschungskreis Heimtiere in der Gesellschaft in Auftrag gegebenen Studie wurde nachgewiesen: Durch einen Hund kommt man sich schneller näher. Ein Hund bietet die ideale Gelegenheit, ungezwungen miteinander ins Gespräch zu kommen. Bello tut nämlich das, was man sich selbst nicht traut. Er geht unbefangen und offen auf den Auserwählten zu und schert sich nicht um Konventionen. Herrchen oder Frauchen brauchen das vom Hund vermittelte Gespräch nur weiterzuführen. Auf der anderen Seite spiegelt der Hund vieles vom Leben und Charakter seines Besitzers wider. Damit ermöglicht er eine schnelle erste Einschätzung beim Kennenlernen. Laut Umfrage fliegen 76 Prozent aller Befragten auf artige Hunde, 71 Prozent auf niedliche, 69 Prozent auf besonders schöne, 66 Prozent eher auf mittelgroße, 64 Prozent auf kleine, aber nur 34 Prozent auf große Hunde. Immerhin 77 Prozent aller Befragten hatten durch einen Hund – einen eigenen oder fremden – einen Flirt, und bei jedem Zehnten führte dies sogar zu einer festen Partnerschaft.

Es liegt in der *Natur* des *Hundes* zu *jagen*

Jagen ist ein natürlicher Teil des Hundeverhaltens, also etwas für Hunde ganz Normales. Trotzdem macht ein selbstständig jagender Hund uns Haltern schwer zu schaffen. Schließlich gilt Tierschutz auch für Rehe und Hasen.

Außerdem läuft so ein Hund Gefahr, überfahren oder erschossen zu werden. Trotzdem ist ein Hund, der jagt, weder unerzogen noch aggressiv. Ihm fehlt vielmehr ausreichend Selbstkontrolle. Er kann nicht anders als dem Reiz, der von der Beute ausgeht, zu erliegen. Das Bedürfnis, dem flüchtenden Hasen nachzurennen, ihn zu packen und vielleicht sogar zu töten, lässt sich nicht einfach abstellen. Bestenfalls lässt es sich kontrollieren. Wie stark der Hund jagt und ob es möglich ist, das »Problem« so in den Griff zu bekommen, dass der Hund im Wald frei laufen kann, hängt von verschiedenen Faktoren ab. Dazu zählen Genetik, Rassezugehörigkeit, Erfahrungen, die der Hund macht, und nicht zuletzt die Art seiner Erziehung. Entscheidend ist außerdem, wie häufig er Gelegenheit zum Jagen findet. Wer mit seinem Hund in der Stadt lebt und

Hat ein Jagdhund wie hier der Beagle erst einmal die Spur eines Beutetieres aufgenommen, lässt er sich kaum noch stoppen. Jagen macht glücklich.

ihn dort problemlos ohne Leine laufen lassen kann, hat auf dem Land eventuell trotzdem Schwierigkeiten. Je häufiger ein Hund den »Kick« erlebt, desto schwieriger ist es, das unerwünschte Verhalten wieder unter Kontrolle zu bekommen. Dabei ist nicht entscheidend, ob der Hund tatsächlich Beute macht. Denn allein schon das Hetzen macht ihn glücklich.

JAGDFIEBER

Unter all den Verhaltensweisen, die wir bei unseren Hunden so gern in den Griff bekommen möchten, ist das Jagdverhalten die komplexeste. So paradox es auch klingt, um überhaupt eine Chance zu haben, die richtigen Maßnahmen zu ergreifen, müssen wir uns erst einmal auf den Hund als Jäger einlassen. Wir müssen lernen zu verstehen, wie er denkt und was er empfindet, wenn ihn das Jagdfieber zu packen droht. Nicht umsonst sprechen wir vom Jagdtrieb des Hundes. Der Jagdtrieb ist der angeborene Drang, geruchlich oder optisch wahrgenommenes Wild aufzusuchen und zu verfolgen.

Um in der Natur zu überleben, muss der Wolf alle Sequenzen der Jagd zeigen. Spezialistentum ist einseitig.

Apportierhunde, Windhunde und Bauhunde wie Terrier und Teckel. All diese Hunde haben unterschiedliche Eigenschaften und unterscheiden sich erheblich in ihrem Jagdverhalten. Im Gegensatz zu den meisten unserer Haushunde zeigen Wildcaniden wie der Wolf eine vollständige Jagdsequenz: Sie beginnt mit dem Orten und Fixieren der Beute, geht weiter über das Anpirschen und Hetzen und endet schließlich mit der Tötung und dem Fressen der Beute. Hier die einzelnen Jagdsequenzen im Überblick:

Wild suchen
Orten und Fixieren
* stöbern
* Spuren verfolgen
* mit den Augen suchen

Wild fangen
Anpirschen und Hetzen, das heißt
* dem Wild nachstellen
* die gestellte Beute umkreisen

Wild töten und fressen
Packen und Töten
* totschütteln
* Hals, Nacken oder Bauch aufreißen
* Beute vergraben

Er dient der Lebens- und Arterhaltung und ist sowohl mit körperlichen als auch seelischen Vorgängen verbunden. Es geht um große Gefühle, und das macht die Sache kompliziert. Doch bevor mit einem Antijagdtraining begonnen wird, sollte sich jeder Hundehalter das Jagdverhalten seines Vierbeiners genauer ansehen. Denn nicht alle Hunde jagen auf dieselbe Weise. Und längst nicht jeder Hund, der ab und zu ein Reh verfolgt, hat deshalb schon ein »richtiges« Jagdproblem. Einige Hunde haben einfach noch nicht verstanden dass Jagen generell tabu ist, andere jagen, weil ihr Mensch sie beim Spaziergang zu oft und zu lange sich selbst überlässt.

DIE ACHT SEQUENZEN DER JAGD

Inzwischen gibt es weltweit so viele Jagdhunderassen, dass man fast den Überblick verlieren könnte. Ganz allgemein lässt sich die Gilde der Jagdhunde in verschiedene Gruppen einteilen. Es gibt Stöberhunde, Vorstehhunde, Lauf- und Schweißhunde,

Je stärker der Hund spezialisiert ist, desto eher wird diese Sequenz unterbrochen. Bei Hunden hat sich durch Zucht das angeborene Verhaltensmuster Jagen verändert. Bestimmte Jagdsequenzen wurden in den Vordergrund gezüchtet, andere sind stark überlagert oder gar nicht mehr vorhanden. Das bedeutet, dass nicht alle Hunde alle Phasen der Jagd in gleichem Maße durchlaufen. Je nach Typ oder Rasse zeigt der Hund nur einige bestimmte genetisch fixierte Phasen.

Starke Spezialisierung innerhalb der Rassen

So wurde etwa bei Huskys das Hetzen, bei Pointern das Vorstehen, bei Terriern das Packen und Töten und bei Border Collies das Fixieren in den Vordergrund gestellt. Auf diese Weise hat sich der Mensch im Lauf der Jahrhunderte Spezialisten für bestimmte Arbeiten herangezüchtet.

Retriever, die Beute gern tragen und dem Menschen bringen, jagen vorwiegend, um dieses Bedürfnis des Apportierens zu befriedigen. Ein Schweißhund kann nicht umhin, jeder Fährte, die sich ihm bietet, nachzugehen, er befriedigt damit seinen ausgeprägten Spürsinn.

Generell können Hunde ihre Jagdsequenz in jeder beliebigen Phase beginnen, was das Verhalten noch unvorhersehbarer macht. Ein vierpfotiger Jäger aus Leidenschaft muss daher letztendlich überzeugt werden, dass er entweder gemeinsam mit uns jagt oder gar nicht. Dabei spielen alternative Beschäftigungen, Gehorsam und Rangordnung eine große Rolle.

Durch Zucht entstanden Jagdhunderassen, die primär einzelne Elemente aus der Jagdhandlungskette zeigen. Der Magyar Vizsla, ein Vorstehhund, erstarrt und hebt die Vorderpfote, wenn er Wild aufgefunden hat, und zeigt dies dadurch dem Jäger an.

Typisch für den jagenden Border Collie ist Fixieren bei geduckter Haltung. Zuchtziel war das Hüten von Schafen.

Was das Jagdverhalten motiviert

Das Jagdverhalten wird durch Beutereize ausgelöst. Dazu zählen schnelle, flüchtende Bewegungen, quietschende Geräusche, Silhouetten von Dingen, die wie Beute aussehen, und natürlich Gerüche. Ein weiterer Faktor sind Erfolgserlebnisse, wobei es manchen Hunden schon reicht, Vögel aufzuscheuchen, um die Selbstkontrolle zu verlieren. Andere müssen erst Beute gefangen haben, um so richtig »auf den Geschmack« zu kommen.

Auch Stimmungsübertragung kann der Auslöser für unkontrolliertes Hetzen sein. Auf einem Spaziergang mit mehreren Hunden reicht es beispielsweise völlig, wenn einen Hund das Jagdfieber packt – schon machen alle anderen mit. Außerdem gucken sich Junghunde vieles von älteren ab. So manches brave Exemplar kommt erst durch den Kontakt mit unkontrolliert jagenden Artgenossen auf den Geschmack. Ein Fehler, den viele Hundebesitzer machen, ist, dem Hund beim Spaziergang überwiegend dann

Aufmerksamkeit zu schenken, wenn ihn etwas jagdlich interessiert. Eine typische Fehlverknüpfung ist in diesem Fall: Beute bedeutet Ansprache.

Wichtig ist, dass der Hund lernt, beim Spaziergang nicht komplett »abzuschalten«, sondern stets ansprechbar bleibt.

Jagen ist für Hunde das pure Glück

Jagen hat selten etwas mit einem Hungergefühl zu tun oder mit dem Bedürfnis, seine Welpen zu versorgen. Es ist vielmehr für jeden Hund eine selbstbelohnende Handlung. Das bedeutet, dass der Körper des Hundes bei der Jagd durch die Ausschüttung bestimmter Hormone in eine Art Glückszustand gerät und sich so selbst besser belohnt, als wir das jemals mit Leberwurst oder Ballspiel könnten. So hat es die Natur vorgesehen, denn längst nicht jeder Jagdausflug ist auch erfolgreich. Würde ein Tier nur jagen gehen, wenn es sicher Beute macht, würde es verhungern.

DAS JAGDVERHALTEN DER EINZELNEN RASSEN

Je nachdem welcher Aufgabe die verschiedenen Hundetypen bei ihrem Dienst an der Herde, bei der Jagd im Wald oder in Haus und Hof nachgehen sollen, arbeiten sie unterschiedlich eng mit uns Menschen zusammen. Wenn Sie wissen, welche genetischen Voraussetzungen Sie bei Ihrem

Hund finden, können Sie sich viel besser auf sein Verhalten einstellen. Deshalb soll im Folgenden das Jagdverhalten der Rassengruppen vorgestellt werden.

Herdenschutzhunde

Kangal, Kuvasz oder Ovtcharka etwa haben eine archaische Ausstrahlung und außergewöhnlich viel Kraft. Außerdem sind sie die personifizierte Unabhängigkeit und Selbstständigkeit und daher eher etwas für Spezialisten. Dafür ist ihr Jagdtrieb so gut wie gar nicht mehr vorhanden. Schließlich sollen sie die Tiere der eigenen Herde nicht jagen, sondern beschützen und dürfen die Herde nicht verlassen. Wegen dieses ausgeprägten Schutzverhaltens eignen sie sich kaum als Begleit- und Familienhunde.

Hütehunde

Hunde wie Border Collie und Australian Shepherd, Shetland Shepdog oder Altdeutscher Hütehund sind zwar darauf aus, eng mit uns Menschen zusammenzuarbeiten, bringen aber auf der anderen Seite eine hohe Leistungsbereitschaft mit, die artgerecht umgelenkt werden muss. Das macht sie als Familienhunde nicht gerade einfach. Auch der Begriff Hüten ist im Zusammenhang mit Familienfreundlichkeit eher irreführend. Er hat nämlich nichts mit Behüten zu tun. Das Hüten, also die Arbeit an der Herde, ist nichts anderes

als gezieltes Jagdverhalten. Die Phasen Fixieren, Anpirschen und Hetzen wurden bei diesen Hunden durch die Zuchtauslese sehr stark betont, während Phasen wie Orten, Töten und Zerreißen der Beute in den Hintergrund getreten sind.

Treibhunde

Treibhunde wie Cattle Dog, Corgi oder Entlebucher Sennenhund sind kämpferisch und ziemlich harte Kerle. Auch sie arbeiten an der Herde, werden allerdings eher bei Rindern eingesetzt und müssen zupacken können. Neben den Phasen Fixieren, Anpirschen und Hetzen ist das

Apportierhunde wie der Labrador sollen Wild finden und zum Jäger bringen. Dummy-Training ist ein guter Ersatz.

ist nur selten möglich, denn in einer heißen Spur verlieren sie sich völlig und sind dann erst mal weg. Sie müssen auf ihre spezielle Art beschäftigt werden. Zum Beispiel einen Fischkopf ein paar Wochen lang in einem Wasserkanister ziehen lassen und dann aus dem Sud eine Tröpfchenspur legen. Oder ein Stück Fleisch an einer Schnur auf dem Fahrrad hinter sich herziehen und anschließend den Beagle die Fährte bis ans Ziel verfolgen lassen. Das macht besonders Kindern Spaß. Wer an solchen Hobbys eher keine Freude hat, sollte sich besser für eine andere Hunderasse entscheiden.

Stöber- und Apportierhunde

Spaniel, Retriever oder Pudel, deren Leidenschaft das Stöbern und Apportieren ist, sind im Allgemeinen einfacher in einen Familienalltag zu integrieren. Sie zeigen sich meist kooperationsbereit. »Was kann ich für dich tun?«, ist ihre Grundhaltung, wenn sie angesprochen werden. Sie haben ein weiches, freundliches Wesen, kommunizieren gern und lassen sich durch Apportier- und Suchspiele auch gemeinsam mit Kindern anspruchsvoll, aber ohne besonderen Aufwand beschäftigen. Selektiert wurden Tiere mit besonders »weichem Maul«. So beschreibt man in der Jägersprache Hunde, die die Beute so vorsichtig tragen, dass sie sie unbeschadet und lebend in die Hand des Jägers legen.

Packen daher in ihrer Jagdsequenz ebenfalls stark ausgeprägt.

Nordische Hunde

Alaskan Malamute, Siberian Husky oder Shiba Inu etwa sind in ihrem Wesen sehr ursprünglich geblieben. Aufgrund ihrer ganz eigenen, erdgebundenen Intelligenz kann die Erziehung eines »Nordischen« recht schwierig sein. »Bei Fuß« kommt in der Wildnis nicht vor. Alle nordischen Rassen sind ausgesprochene Arbeitstiere, äußerst robust und ausdauernd. Sie haben einen ausgeprägten Jagdtrieb und zeigen hin und wieder eine vollständige Jagdsequenz, die sich auch mit Würstchen nicht umlenken oder abbrechen lässt.

Lauf- und Schweißhunde

Jagdhunde wie Beagle, Basset Hound oder Bayerischer Gebirgsschweißhund sind sensibel und freundlich, aber vollkommen geruchsgesteuert. Gassigehen ohne Leine

Gesellschafts- und Begleithunde

Rassen wie Malteser, Kromfohrländer oder Leonberger zählen zu den sogenannten Gesellschafts- und Begleithunden. Sie wurden entweder noch nie oder schon sehr lange nicht mehr für bestimmte Arbeitsaufgaben gezüchtet und sind daher nicht so hoch spezialisiert wie andere Rassen. Sie zeigen im Idealfall wenig Interesse an der Jagd, sondern sollen in erster Linie emotionale Bedürfnisse erfüllen und sich möglichst reibungslos in den Familienalltag integrieren lassen statt bestimmte Arbeiten zu erledigen. Auch sollen sie ihre Familie nicht beschützen oder bewachen, sondern bereichern.

Mischlinge

Mischlinge sind »Überraschungseier«. Je nachdem, welche Rassen mitgemischt haben, ist ihr Jagdtrieb mehr oder weniger stark ausgeprägt. Äußere Merkmale wie Kopfform, Körperbau und Fellbeschaffenheit können Hinweise geben.

INFO

Das Jagdverhalten unterschiedlicher Jagdhunderassen

- *Vorstehhunde* stöbern und durchkämmen Wald-, Wiesen- und Schilfgebiete. Sobald sie Wild über die Luftströme wittern oder anderweitig ausfindig machen, bleiben sie wie eingefroren stehen – sie stehen vor. Der Körper spannt in Richtung des georteten Wilds.
- *Stöberhunde* durchsuchen selbstständig und taktisch geschickt große Flächen. Sie scheuchen dabei alles auf, was sie finden.
- *Bauhunde* sind forsche Draufgänger. Sie treiben kleine Raubtiere wie Marder, Dachse und Füchse aus dem Erdreich ans Tageslicht.
- *Bracken* arbeiten selbstständig, um Wild ausfindig zu machen, und treiben es anschließend dem Jäger direkt vor die Flinte.
- *Meute- und Hetzhunde* verfolgen in Gruppen zuverlässig das Wild, bis dieses erschöpft stehen bleibt.
- *Wasserhunde* stöbern nach Federwild und apportieren es zuverlässig nach dem Schuss insbesondere aus Gewässern.
- *Retriever* werden meist ebenfalls für die Wasserarbeit und für Federwild eingesetzt. Sie apportieren aber auch zuverlässig andere Wildtiere.
- *Schweißhunde* verfolgen angeschossenes Wild, teilweise viele Kilometer weit. In der Jägersprache bedeutet Schweiß Blut. Ein zuverlässiger Schweißhund verhindert also, dass verletzte Tiere unnötig lange leiden müssen.

Was bedeutet es,
wenn mein
Hund …?

Kein anderes Tier ist in der Lage, sich derart an uns anzupassen und so mit uns zu kommunizieren wie der Hund. Dennoch kommt es oft zu Missverständnissen. Denn um uns seine komplexen Gefühle mitzuteilen, hat der Hund nur ein begrenztes Repertoire an Ausdrucksmitteln. Sein Verhalten ist also nicht pauschal zu übersetzen. »Es kommt drauf an …«, ist deshalb die häufigste Antwort von Experten auf die Frage: »Was hat es zu bedeuten, wenn mein Hund …?«

Sie springen an uns hoch, lecken uns das Gesicht, rempeln uns an oder zeigen sich bei der leisesten Kritik schon extrem devot. Hundehalter würden das Verhalten ihres Tieres gern in Menschensprache übersetzen und möchten wissen, was der Hund ihnen sagen will, wenn er sie mit der Nase anstupst oder mit der Pfote berührt. Doch die Deutung der hundlichen Signale enthält viele Fallstricke. Die meisten Fehlinterpretationen entstehen dadurch, dass viele Hundebesitzer es kaum schaffen, das Verhalten ihres Tieres wertfrei zu betrachten. Glaubenssätze wie: »Der muss doch auch mal Hund sein dürfen« oder »Hunde streben danach, in der Rangfolge möglichst oben zu stehen«, lassen ein bestimmtes Verhalten in einem ganz bestimmten Licht erscheinen.

Freundliche Kontaktaufnahme oder respektlose Geste? Anspringen kann viele unterschiedlich Gründe haben.

FRAGE DES STANDPUNKTS

Vertreter der Dominanztheorie bewerten ein und dasselbe Verhalten völlig anders als Menschen, die eine möglichst partnerschaftliche und gleichberechtigte Beziehung zu ihrem Hund anstreben. Legt der Hund den Kopf auf das Knie des Besitzers, um gestreichelt zu werden, ist das für den Anhänger der oben genannten Theorie schon eine respektlose Unterschreitung der eigenen Individualdistanz und der Versuch, den Menschen zu manipulieren. Dagegen wertet der für Partnerschaft plädierende Hundehalter diese nette Geste als Zeichen der Zuneigung, die unbedingt entsprechend gewürdigt werden muss. Der eine maßregelt also, was der andere mit Streicheleinheiten belohnt, weil ein und dieselbe Geste unterschiedlich übersetzt wird.
Die wichtigste Voraussetzung, um Hundeverhalten richtig zu interpretieren, ist, sich erst mal über die eigenen Wertvorstel-

lungen klar zu werden, und das, was man sieht, nicht mit dem zu verwechseln, was man glaubt zu sehen. Wie man Verhalten bewertet, hängt auch von den eigenen Zielen ab. Ein Mensch, der seinen Hund als Seelentröster und Partnerersatz sieht, versteht die Hundesprache anders als jemand, der Abzeichen gewinnen und Leistungsprüfungen bestehen möchte.

RASSE UND CHARAKTER HABEN EINFLUSS

Hunde nutzen oft Verhaltenstechniken wie Bellen, Winseln, Anstupsen oder Anspringen, um die Aufmerksamkeit ihrer menschlichen Partner zu bekommen. Wie so ein Verhalten zu deuten ist, mit welcher Absicht der Hund handelt, hängt einerseits von der genetischen Veranlagung des Tieres ab und andererseits von dem, was dem Hund beigebracht wurde. Je älter das Tier ist, desto mehr Erfahrungen fließen in sein Verhalten mit ein. Bei einem zweijährigen Labrador Retriever, der ungestüm einen Menschen anrempelt, ist dieses Verhalten unter Umständen völlig anders zu deuten als bei einem fünfjährigen Hovawart. Ein Labrador Retriever ist ein Hund mit einer geringen Individualdistanz. Distanzlosigkeit, auch gegenüber Menschen, liegt diesen Hunden sozusagen im Blut. Zudem sind Vertreter dieser Rasse oft grob und ein wenig sturköpfig. Springt so ein Tier einen Menschen überschwänglich an, kann das eine nett gemeinte, aber etwas ungestüme Art sein, freundlich »Hallo« zu sagen. Wer dagegen etwas unternehmen will, sollte diesem Hund beibringen, sich selbst besser kontrollieren zu können, also Frustrationstoleranz üben. Ganz anders kann dasselbe Verhalten möglicherweise bei einem ausgereiften Hovawart gedeutet werden. Ein Hovawart ist ein misstrauischer Hund, vor allem Fremden gegenüber will er Distanz wahren. »Hof-Wart«, also Hofwächter beschreibt die ihm ursprünglich zugedachte Aufgabe. Springt so ein Hund einen Menschen an, kann man eher von einer Maßregelung oder Bedrohung ausgehen als von einer freundlichen Begrüßung. Optisch sind blonde Hova-

Ein Hovawart tickt anders als ein Golden Retriever, beide können jedoch leicht verwechselt werden.

warte übrigens nur schwer von Golden Retrievern zu unterscheiden. Charakterlich jedoch sind sie völlig verschieden.

An diesem Beispiel zeigt sich, wie wichtig es ist, sich vor der Anschaffung eines Hundes über dessen Eignung als Familienhund zu informieren. Denn ähnliches Aussehen bedeutet nicht ähnliches Verhalten und Wesen.

HUNDE ENTWICKELN STRATEGIEN

Hunde sind Opportunisten. Sie streben danach, ihre momentane Situation zu optimieren. Sie scheuen sich nicht, jede Menge Tricks und Strategien anzuwenden, um Herrchen und Frauchen in ihrem Sinne zu beeinflussen. Dabei reagieren sie oft eins zu eins auf die Gefühle des Menschen. Fordert der Mensch seinen Hund beispielsweise auf, sich hinzulegen, kann es sein, dass der Hund den Kopf schief legt, eine Pfote hebt und damit »winkt«. Er hat vielleicht die Erfahrung gemacht, dass sein Mensch dann lachen muss und von seiner Forderung ablässt.

Dieselbe Geste könnte in dieser Situation aber auch bedeuten: »Ich verstehe nicht, was ich machen soll, und das bereitet mir Unbehagen.« Dies gilt vor allem, wenn der Hund anstatt den Kopf schief zu legen noch andere »Beschwichtigungssignale« zeigt, wie sich übers Maul zu lecken oder zu gähnen. Gerade wenn der Hund sich devot zeigt, bekommen viele Halter ein schlechtes Gewissen. Manche Hunde lernen so, dass sie nur bestimmte Signale zeigen müssen und so ihren Mensch dazu bewegen können, nicht mehr konsequent auf Gehorsam zu bestehen.

Sammy und ich

Wohlig streckt er sich aus. Der Liegestuhl steht im Schatten, rechts und links neben Sammy sitzen Gäste und unterhalten sich. Jedes Mal, wenn eine fremde Hand über sein Fell streicht, reckt er den Kopf ein Stück, schmatzt und drückt seinen Körper ein wenig fester in das weiche Polster. Sobald die Musik lauter wird, beginnt er leise zu schnarchen. Als er aufwacht und bemerkt, dass er inzwischen alleine ist, gähnt er, dreht sich auf die andere Seite, sodass er alles im Blick hat, und betrachtet die Besucher schläfrig.

AGGRESSIVES VERHALTEN

Es ist nicht ungewöhnlich, wenn Hunde hin und wieder knurren und brummen, es ist ihre Art, »Nein« zu sagen und eine Grenze zu ziehen. Nicht jeder Hund, der mal knurrt, um zu sagen, dass ihm etwas nicht passt, hat deshalb gleich ein Aggressionsproblem. Unverhältnismäßige Aggression kann viele Ursachen haben. Manche Hunde sind einfach sehr selbstbewusst, ordnen sich nicht gern unter und versuchen hartnäckig, ihren Willen durchzusetzen. Andere Hunde sind möglicherweise unsicher oder wütend. Wenn ein Hund seinen Menschen ständig anstupst, sich beim Spielen ruppig verhält, Futter verteidigt, das Sofa beansprucht oder schnappt, wenn man ihm die Ohren reinigen oder die Krallen schneiden möchte, dann nimmt die Aggression schon ernstere Formen an. Hunde, die gelernt haben, dass offensives

Mit starrem Blick und drohender Körpersprache verteidigt der Hund seinen Futternapf. Achten Sie in diesem Fall auf die Einhaltung von Regeln.

Rempelt der Hund Sie an, sollten Sie nicht ausweichen. Dadurch lernt er nicht, dies zu unterlassen. Besser ist es, ruhig auf ihn zuzugehen. Damit rechnet er meistens nicht und wird verunsichert.

TYPISCHE MISSVERSTÄNDNISSE

Wenn Herrchen oder Frauchen heimkommt und der Hund an seiner Bezugsperson hochspringt, kann dies eine freudige Begrüßung sein, muss aber nicht. Manche Hunde maßregeln ihre Besitzer durch Anspringen. Sie wollen sagen: »Hey, du hast dich unerlaubt entfernt!« Zeigt der Hund überschwängliche Freude, wenn wir das Haus betreten, und wir bestätigen dies, wird sich dieses Verhalten weiter ausprägen. Irgendwann wird er nicht nur Ihre vollste Aufmerksamkeit einfordern, sondern auch die Ihrer Besucher. Um dies zu verhindern, ist es besser abzuwarten, bis sich der Hund wieder beruhigt hat und ihn erst dann zur Begrüßung zu streicheln, wenn er entspannt ist.

Ein typisches Missverständnis ist die Annahme, dass Hunde, die mit dem Schwanz wedeln, immer freundlich gestimmt sind *(siehe Seite 62).* Schwanzwedeln ist in erster Linie ein Zeichen von Erregung. Ob diese freudig oder angespannt ist, zeigt sich erst bei genauem Hinsehen: Steht die Rute hoch oder tief, bewegt sie sich kurz und schnell oder gleichmäßig? Nur wer auf

Drohen oder Abschnappen eine gewisse Wirkung hat, setzen ihre Zähne ein, um sich durchzusetzen. So ein Fehlverhalten kommt meistens nicht aus heiterem Himmel. Die Vorboten sind respektloses Verhalten wie Anrempeln, Anspringen, Drängeln, Markieren im Haus, Aufreiten oder das Missachten von bekannten Hörzeichen. Auch wenn aggressives Verhalten nicht unbedingt schwieriger zu ändern ist als andere Verhaltensauffälligkeiten, hat man dort einfach weniger Spielraum. Ein Hund, der beißt, kann gefährlich werden. Deshalb ist es wichtig, auf solche Vorboten zu achten und schon bei den ersten Anzeichen von Aggressivität ruhig, aber konsequent auf die Einhaltung von einmal aufgestellten Regeln zu bestehen.

weitere Signale achtet, etwa ob zugleich die Körperhaltung gespannt ist und das Fell gesträubt wird, kann die Botschaft des Hundes richtig deuten. Diese kann zum Beispiel heißen: »Achtung, gleich greife ich an!« Hält der Hund seine wedelnde Rute jedoch tief und kommt mit gesenktem Kopf und zurückgelegten Ohren auf seinen Besitzer zu, signalisiert er Friedfertigkeit, Freude und Unterwürfigkeit.

Auch das Zerkauen von Gegenständen kann unterschiedliche Gründe haben. Es hängt vom Hund und von der Situation ab. Ein Hund, der Dinge zerstört, benimmt sich nicht einfach nur daneben. Manche zerkauen mit Vorliebe Gegenstände, um das Gefühl von Einsamkeit und Frustration zu zerstreuen. Andere Hunde erkennen einfach nicht den Unterschied zwischen Frauchens Besitz und ihrem eigenen Spielzeug. Wieder andere zerbeißen, weil es ganz einfach Spaß macht. Da kann es helfen, einen Kauknochen anzubieten, damit die Schuhe verschont bleiben.

Auf den ersten Blick fällt es schwer zu glauben, dass diese ärgerlichen Verhaltensweisen das Resultat von Missverständnissen sind. Doch genau dies ist häufig der Fall. Wenn also Ihr Hund etwas macht, was sie ärgert, sollten Sie sein Verhalten nicht persönlich nehmen. Lassen Sie alle Emotionen außen vor und betreiben Sie nüchtern Ursachenforschung. Oft liegt der Grund ganz woanders, als gedacht.

Sind Hunde unterfordert, suchen sie sich häufig eine Ersatzbeschäftigung. Müssen Sie Ihren Hund regelmäßig längere Zeit allein lassen, kann ein Dogsitter Abhilfe schaffen.

So versteht **Ihr Hund,** was Sie *von ihm wollen!*

Jeder **Hund**
sucht verlässliche
Führung

Botschaften von Hund zu Hund sind eindeutig und werden immer verstanden. Hunde sind jederzeit ganz bei sich selbst – im Gegensatz zu uns Menschen, denn Menschensprache ist oft doppeldeutig. Trotz vieler Gemeinsamkeiten ticken Hunde und Menschen nun mal unterschiedlich. Man könnte auch sagen, sie haben eine andere Psychologie. Hundesprache kann man jedoch lernen, einen guten Führungsstil auch.

Der Mensch sei die einzige Spezies, die instabilen Anführern folgt, meint der amerikanische Hundeexperte Cesar Millan und sieht darin die Wurzel allen Übels. Denn Tiere, die von Natur aus noch die Fähigkeit hätten, in innerer Balance zu sein, gerieten durch einen instabilen Menschen ebenfalls in eine emotionale Schieflage und entwickelten sogenannte Verhaltensauffälligkeiten. Ein unbeständiger, schwacher Mensch mache Hunde nervös, angespannt, unsicher oder unangemessen aggressiv, davon ist Millan überzeugt. Und ziemlich wahrscheinlich hat er recht. Hunde möchten ihren Status abgleichen und brauchen neben Zuneigung und Bewegung ein klar definiertes Regelwerk, um gesund und sozial verträglich zu bleiben. Doch gerade an Letzterem mangelt es vielen Hunden bei ihren Menschen.

Das Wesen eines Hundes ist vielen Haltern fremd. Sie neigen dazu, ihren vierbeinigen Freund zu vermenschlichen.

NICHT NUR FREUND SEIN, AUCH FÜHREN

Tatsache ist, dass wir uns einen Hund anschaffen, um unsere eigenen Interessen zu verfolgen. Das gilt auch dann, wenn wir uns für ein Tier aus einer spanischen Tötungsstation entscheiden oder für einen griechischen Straßenhund. Wir sind es, die Gesellschaft haben möchten, jemanden lieben und umsorgen wollen. Wir sehen im Hund einfach eine Quelle guter Gefühle. Dagegen ist nichts einzuwenden. Das heißt aber auch, dass wir in Bezug auf die realen Bedürfnisse des Hundes die Balance finden müssen zwischen Selbstbezogenheit und artgerechter Tierhaltung. Denn längst nicht alles, was Hundehalter unternehmen, um sich gut zu fühlen, ist auch gut für ihre Hunde.
Wer nur Nähe und Freundschaft erfahren möchte, ohne seinem Hund gleichzeitig Führung anzubieten, verkennt das Wesen des Hundes: Emotionale Bedürftigkeit empfinden Hunde als Schwäche, sie über-

nehmen dann zwangsläufig das Ruder, denn in ihren Augen muss das irgendjemand tun. Für die Haltung eines Hundes braucht der Mensch also unbedingt ein Konzept. Natürlich ist es nicht immer leicht, ehrlich die Grenze zwischen der Realität und den eigenen Wunschvorstellungen zu ziehen. Aufgrund unserer emotionalen Bindung und weil unser Hund uns so gut versteht, sind wir schnell versucht, ihn zu vermenschlichen. Um uns mit unserem Vierbeiner wirklich auszutauschen und ein für beide Seiten befriedigendes Miteinander zu haben, müssen wir jedoch den umgekehrten Weg gehen, nämlich fühlen, denken und handeln wie er.

Und noch etwas: Hunde mögen es, wenn ihr Leben vorhersehbar ist. Für sie gibt es keine bessere Methode herauszufinden, was als Nächstes passieren wird, als Herrchen oder Frauchen genau zu beobachten. Daher vermitteln sie uns leicht das Gefühl, sie wüssten bereits, was wir als Nächstes vorhaben.

Seien Sie glaubwürdig

Hunde sind immer ganz sie selbst, wir Menschen nicht. Nicht immer können wir zu unseren Gefühlen stehen und senden widersprüchliche Signale aus, vielfach ohne uns dessen bewusst zu sein. Statt authentisch wirken wir ambivalent. Viele Hundehalter sprechen zudem mit ihrem Tier so, wie sie sich vorstellen, dass Menschen mit Hunden sprechen sollten. Als glaubwürdiger Sozialpartner nimmt der Hund sie dann aber nicht wahr, denn sie schlagen einen einstudierten, künstlichen Ton an. Sie sprechen sozusagen mit zwei Zungen, der Tonfall sagt das eine, die Kör-

persprache etwas anderes. Wenn wir nur noch flöten oder brummen und knurren, weil der Hundetrainer im Fernsehen das so macht, schwächen wir unsere eigenen Botschaften und hinterlassen keinen Eindruck beim Hund.

Häufig ist die Kombination aus Klang und den subjektiv als richtig empfundenen Worten, mit denen wir anderen Lebewesen zu verstehen geben wollen, wer wir sind, nicht stimmig. Vielleicht haben Sie im Welpenkurs gelernt, den Hund mit freundlicher Stimme zu rufen, und flöten daher »Komm zu mir«, während Sie in Wahrheit wütend sind, weil Ihr Hund Sie ignoriert. Worte, Gedanken und Gefühle stimmen nicht überein, ein Zustand, den Tiere im Allgemeinen und Hunde im Besonderen nicht kennen. Hunde sind dadurch verwirrt und wissen nicht, welche Botschaft sie ernst nehmen sollen. Im Zweifel halten sie sich vor allem an das, was nicht ausgesprochen wird.

In unserer Kultur ist der Klang unserer Sprache in der Kommunikation nicht so wichtig. Es ist vor allem die Bedeutung der Worte, die zählt. Aber auch wir Menschen empfinden Personen, die mit Worten und Körpersprache dasselbe sagen, als glaubwürdig. Hunde teilen zwar nicht unsere Vorstellung von Gut und Böse, aber auch Tiere spüren die innere Substanz eines Menschen. Je mehr Substanz sie fühlen, desto größer ist ihre Bereitschaft zur Kooperation. Ein Mensch, der sich klar und selbstsicher ausdrückt, wird vom Hund schnell verstanden. Und je ehrlicher und unverfälschter dieser Mensch wirkt, desto eher bekommt der Hund ein Gefühl für dessen Grenzen und Bedürfnisse und entwickelt dadurch soziale Kompetenz.

Bleiben Sie geduldig

Junge Hunde werden – ebenso wie kleine Kinder – von den eigenen Wünschen und Bedürfnissen völlig in Anspruch genommen. Ihr Verhalten dient dem doppelten Zweck, die eigenen Bedürfnisse zu befriedigen und die Bezugsperson kennenzulernen. Sie wollen lernen, was »ihren« Menschen gefällt und was nicht, worauf sie sich einlassen und was ihnen widerstrebt. Sie brauchen ein Feedback bei ihrer Erkundung der Welt. Dieser Lernprozess fordert vor allem Deutlichkeit und ständige Wiederholung. Hundehalter müssen daher Geduld aufbringen, bis das Gelernte im Bewusstsein des Hundes verankert ist. Wut, Ärger und Frust sind kontraproduktiv. Denn je angespannter und negativer ein Lernumfeld ist, desto unsicherer fühlt sich der Hund und desto länger dauert es, etwas Neues zu lernen – falls es überhaupt gelingt.

Einem Hund können Sie nichts vormachen

Sie haben sich am Telefon geärgert? Ihr Hund weiß Bescheid. Sie sind unsicher, weil ein gefährlich aussehender Ridgeback sich nähert? Ihr Pinscher ist sofort alarmiert. Eine andere Körperspannung, ein Wechsel der Atemfrequenz oder ein leichtes Zögern beim nächsten Schritt sagen Ihrem Hund mehr als Tausend Worte. Wenn Hundebesitzer unsicher, zögerlich oder frustriert sind, überträgt sich diese Besorgnis unmittelbar auf den Hund. Grund dafür ist seine Fähigkeit, sich in die Gefühle und Stimmungen des Menschen ausgezeichnet einfühlen zu können. Spürt

Ist der Welpe beim Menschen eingezogen, hat dieser die Aufgabe, den Hund zu fördern und weiter zu sozialisieren.

er Zweifel und Unentschlossenheit, weiß der Hund nicht, wie eine Zusammenarbeit aussehen soll. Als Hundetrainer begegnet man Tag für Tag Menschen, die frustriert darüber sind, dass ihre Hunde nicht zuhören, nicht kooperieren und nicht zu verstehen scheinen, was der Mensch ihnen vermittelt. Das Tier wird als renitent, nervös und unwillig beschrieben. Von wenigen Ausnahmen einmal abgesehen, ändert sich das Verhalten des Hundes schlagartig, sobald der Mensch in der Lage ist, sich klar und verständlich auszudrücken und seine Gefühle überzeugend zum Ausdruck zu bringen.

Traumvorstellung vieler Hundehalter:
Nicht angeleint, trotzdem folgt der Hund
wie selbstverständlich seinem Menschen.

die eigenen Ziele mit so viel Integrität zu vertreten, dass andere sich zur Zusammenarbeit animiert fühlen. Wer integer ist, handelt nach seinen eigenen Werten. Führung heißt auch, für die eigenen Bedürfnisse Sorge zu tragen, ohne dabei die Bedürfnisse der anderen zu vergessen. Wer seine eigenen Bedürfnisse verleugnet, der wird sich rasch überfordert fühlen und anderen die Schuld dafür in die Schuhe schieben. Dann ist der Hund schuld, weil er angeblich so viel fordert, unruhig ist oder sich nicht an Regeln hält.

Der Mensch sagt, wo es langgeht!

Ein zweiter Begriff, der bei vielen Hundehaltern oft unangenehme Assoziationen auslöst, ist das Wort »Kontrolle«. Wer kontrolliert wird, ist nicht mehr selbstwirksam, denn andere veranlassen, ändern und beenden die eigenen Handlungen. Wenn Ihr Hund ein unerwünschtes Verhalten zeigt, sollten Sie es dennoch beenden oder ändern können, denn Kontrolle geht einher mit Verantwortung. Viele Hundehalter haben jedoch ausgesprochene Hemmungen, klar »Nein« oder »Ich will« zu sagen, weil sie befürchten, dadurch die Zuneigung ihres Hundes zu verlieren. Sie finden es anmaßend, sich so unmissverständlich zu äußern, und bevorzugen sanftere und entgegenkommendere Formulierungen. Das ist in Ordnung, sofern der Mensch seine Führungsrolle und seine persönlichen Grenzen über

LIEBE UND AUTORITÄT – BEIDES GEHT!

Wenn Hundehalter ihre Führungsrolle nicht wahrnehmen, fühlt sich der Hund nicht sicher und übernimmt im Zweifelsfall selbst die Führung. Viele Hundebesitzer möchten das Bedürfnis nach Sicherheit bedienen, indem sie dem Tier ihre Liebe zeigen und ihm jeden Wunsch unmittelbar erfüllen. Auf diese Art fallen viele – ohne es zu wollen – ihrem Hund gewissermaßen zum Opfer. So lernt der Hund ausschließlich mit Menschen umzugehen, die ihm zu Diensten sind, und kann keinen Frust ertragen. Der Begriff »Führung« wird oft missverstanden. Er bedeutet nicht, andere herumzukommandieren und dem eigenen Willen zu unterwerfen. Führung bedeutet,

einen längeren Zeitraum hinweg bereits so deutlich gemacht hat, dass der Hund daran nicht zweifelt. Manche Hundehalter verspielen ihre Autorität, weil sie glauben, ihr Tier sollte in einer Art demokratischem Paradies aufwachsen, in dem es keinerlei Misstöne und Konflikte gibt. Eine in vielerlei Hinsicht sympathische Idee, die aber meistens in Disharmonie endet, weil sie nicht den tatsächlichen Bedürfnissen des Hundes entspricht. Hunde können nicht dadurch verwöhnt werden, dass sie zu viel von dem bekommen, was sie wirklich brauchen. Verwöhnte Hunde sind vielmehr die, die kein »Nein« akzeptieren können, die damit rechnen, dass ihre Wünsche unmittelbar erfüllt werden. So werden Hunde fordernd und anstrengend.

Hunde erwarten Menschen, die wissen, was sie wollen, die Konflikten nicht aus dem Weg gehen und neben Fürsorge einen Führungsanspruch geltend machen. Eine Autorität wird von Hunden jedoch nur anerkannt, wenn sie wirklich authentisch ist. Liebe und Fürsorge allein genügen nicht. Oft werden Eltern wie Hundebesitzern dieselben Ratschläge ans Herz gelegt: Das A und O sind Konsequenz und klare Regeln, die das Zusammenleben strukturieren. Ob es darum geht, dass der Hund nicht am Tisch bettelt, oder darum, dass man ein Ziehen an der Leine nicht gestattet – ohne konsequentes Verhalten kann der Hund nun mal nicht lernen, dass »Nein« wirklich »Nein« heißt.

Der Mensch hat einen Erziehungsauftrag zu erfüllen

Führen oder wachsen lassen, das sind die beiden gegensätzlichen Pole der Erziehung. Gern werden sie mit dem Bild des Töpfers und des Gärtners dargestellt. Der Töpfer formt etwas nach seinem Bild, während der Gärtner möglichst optimale Bedingungen für das Aufwachsen schafft und mehr fördert als fordert. Dennoch greift auch der Gärtner in die Natur ein: Er beschneidet Pflanzen und bewahrt sie durch entsprechende Maßnahmen vor Schädlingsbefall und Fehlentwicklung. Erziehung bedeutet neben Liebe und Zuneigung eben auch Führung und Disziplin.

Vertrauensvoll drückt dieser Hund seinen Kopf gegen die Hand des Menschen und genießt dessen Berührung.

Körpersprache
richtig
einsetzen

Siegertypen erkennt man am Gang. Sie laufen aufrecht mit gestrafften Schultern, geradem Rücken und erhobenem Kopf. Wer sicher und gerade steht, strahlt Authentizität und Realitätssinn aus, eine Aura, die auch Hunde lieben. Dagegen wirkt eine Person mit hängenden Schultern traurig oder erschöpft. Wer wenig Selbstbewusstsein hat, zieht den Kopf ein und krümmt den Rücken, denn wer klein ist, wird leichter übersehen und bleibt von Konflikten vielleicht verschont.

Selbstsichere, zuversichtliche Menschen werden von anderen leichter respektiert, auch von Hunden. Kommt zu einer selbstbewussten Haltung noch ein forscher Gang, gehen Hunde rasch davon aus, dass die betreffende Person weiß, wo sie hin will, nicht planlos ist und im Zweifel nicht ausweichen wird, also: echte Führungsqualitäten hat. Hunde reagieren darauf sofort, weil selbstbewusste Hunde dieselbe innere wie äußere Haltung haben und unter ihresgleichen einen hohen Status genießen. Ein selbstbewusster Hund steht mit allen vier Pfoten fest auf dem Boden. Er macht sich weder klein noch hat er es nötig, Schwächere zu beeindrucken, indem er sich größer macht. Wird er herausgefordert, zeigt er ruhige Entschlossenheit und handelt stets angemessen.

Soll der Hund von der Couch runter, müssen Sie ihm das eindeutig über Stimme und Körpersprache signalisieren.

KÖRPERSPRACHE IST ENERGIE

Körpersprache ist mehr als nur ein erhobener Finger. Sie offenbart, was jemand fühlt, wer er ist, wie viel innere Spannkraft jemand hat und ob er entschlossen ist, sein Wollen auch durchzusetzen. Wenn Ihr Hund stoppen soll, reicht es nicht aus, nur dazustehen wie jemand der stoppt. Eine rein technische Geste bringt keinen Hund dazu, aus dem Laufen anzuhalten. Das geht nur mit der dazu passenden Einstellung. Die Ausstrahlung eines Menschen kann das Verhalten des Hundes viel stärker beeinflussen als Handzeichen oder Worte. Hunde beobachten unsere Haltung, hören die Musik unserer Worte und riechen unseren Gemütszustand. Zweifel, Furcht oder Nervosität nehmen sie als schwachen Energiezustand wahr, ruhige Entschlossenheit als Stärke. Damit Sie über die richtige Ausstrahlung verfügen, müssen Sie lernen, Ihre Gefühle zu kontrollieren.

Ein Familienhund sollte verstehen, dass Menschen eine andere Sprache sprechen, und darf es nicht krumm nehmen, wenn man im Umgang mit ihm mal Fehler macht.

Das Kleingedruckte in der Kommunikation

Nicht nur Kopf, Rumpf, Arme und Beine geben dem Hund Zeichen. Auch Ihre Atmung verrät, was in Ihnen vorgeht. Denn wer die Luft anhält oder stockend atmet, verbreitet Spannung, die Hunde schnell als Druck oder sogar Bedrohung empfinden. Auch ein beschleunigter Atem ist ein Zeichen für Gefahr. Wer gleichmäßig und tief atmet, hat es auf jeden Fall leichter mit seinem Hund, denn er versetzt ihn nicht unnötig in Alarmbereitschaft. Ein bewusstes Ausatmen und gleichzeitiges Entspannen des Schultergürtels kann eine Übung beenden. Auch wenn ein Hund überfordert ist, ist betontes Ausatmen ein gutes Mittel, um die Situation zu entschärfen. Es signalisiert: »Sei locker, ich übe keinen Druck auf dich aus.«

Feine Signale kann man auch mit Blicken geben. So lesen Hunde die Richtung, die wir einschlagen wollen, vor allem an unserer Blickrichtung und unserer Körperachse ab. Möchte man, dass der Hund einem folgt, sollte man daher nach vorn gucken und einfach losgehen. Hunde können auch lernen, Gegenstände zu holen, auf die Sie Ihren Blick lenken. Das kann die Fernbedienung sein, das Telefon oder der Autoschlüssel. Denn Hunde haben die Fähigkeit, dem Blick des Menschen zu folgen und nachzuvollziehen, was dieser fokussiert. Viele andere Tierarten haben damit Schwierigkeiten, denn sie fassen Blicke nicht als kommunikatives Signal auf.

Respekt verschaffen

Will man dem Hund den Zugang zu etwas verwehren oder ihn abblocken, wendet man ihm die Vorderseite zu, steht aufrecht mit gestrafften Schultern da und blickt ihn direkt an. Versucht er trotzdem, sich vorbeizudrängen, tritt man ihm in den Weg, ohne ihn zurückzudrängen, sondern wartet ruhig ab, bis er von sich aus weicht. Ist der Hund besonders fordernd, kann man die Hüfte ein Stück vorschieben. Der Oberkörper sollte dabei aufrecht bleiben und nicht über dem Hund »zusammen-klappen«. Wichtig ist, das Becken sofort wieder zurückzunehmen, wenn der Hund wie gewünscht aufhört zu bedrängen. Das Prinzip: Jede Aktion des Hundes in die gewünschte Richtung wird sofort mit einem Nachlassen der Körperspannung belohnt. Druck in Form von Körperspan-nung aufbauen und Druck nachlassen durch Entspannung zeigen ihm klar, was erwünscht ist und was nicht.

Gesten, die Hunde missverstehen

Wenn wir einen Hund nett finden, beugen wir uns über ihn und tätscheln seinen Kopf – statt in die Knie zu gehen und seine Brust zu kraulen. Aus Hundesicht sind

Viele Signale, die für uns eine Bedeutung haben, wie der erhobene Daumen für Okay, kennen Hunde nicht – es sei denn, man bringt sie ihnen bei.

wir dann im besten Fall lästig, schlimms-tenfalls eine Bedrohung. Streicheln finden viele Hunde zwar schön, klopfen allerdings nicht. Umarmungen sind für uns ein Sym-pathiebeweis. Für den Hund bedeuten sie eine Bewegungseinschränkung, also eine Maßregelung oder ein unhöfliches Über-schreiten seiner Individualdistanz. Aus seinem Blickwinkel ähnelt eine menschli-che Umarmung dem Versuch, ihn zu un-terwerfen, als ob man seine »Pfoten« auf die Schultern des Gegenübers stellt. In der Hundewelt bedeutet eine Umarmung also Konkurrenz und nicht Sympathie. Viele Menschen gehen zudem frontal auf einen Hund zu, bevor sie ihn anfassen. Das ist beim eigenen Hund in Ordnung, ein fremder Hund kann sich dadurch aber bedrängt fühlen.

Erziehungs–TIPP

SIE SIND DER BOSS

Auf die Haltung kommt es an

Erfolgreiche Manager schleichen nicht geduckt mit hängenden Schultern an ihrer Vorzimmerdame vorbei. Schleichen Sie also auch nicht beim Gassigehen! Eine hohe Kopfhaltung impliziert einen hohen sozialen Status. Wer führt, hält sich gerade und zeigt so: Ich weiß, wer ich bin und wo ich hin will. Gehen Sie daher aufrecht. Stellen Sie sich dabei einen Menschen vor, der für Sie der Inbegriff von Autorität und Macht ist. Das kann jemand aus Ihrem Bekanntenkreis sein, Elisabeth II. oder Barack Obama. Sobald Sie Ihre Körperhaltung bewusst ändern, werden Sie feststellen, dass sich das Gefühl dem Körper anpasst: Ein stolzer aufrechter Gang gibt Selbstbewusstsein. Dasselbe gilt übrigens auch für Vierbeiner. Wenn Ihr Hund die Rute ängstlich zwischen die Beine klemmt, nehmen Sie sie und biegen sie wie zur Imponierhaltung hoch. Der Hund wird sich gleich anders fühlen, denn Körpersprache »ist die äußere Darstellung der inneren Haltung. Umgekehrt wird eine wesentliche Änderung der Körpersprache immer mit einer Veränderung der inneren Haltung einhergehen«, meint Körperspracheexperte und Autor Jan Sentürk.

Hand anlegen

Es sind, entgegen der landläufigen Meinung, nicht in erster Linie die Kleider, die Leute machen. Es sind Gesten, die den Status eines Menschen – oder auch Hundes – verraten. Eine klassische Geste der Macht ist der Griff an die Schulter des Gesprächspartners. Das kann man bei jedem Politikertreffen im Fernsehen beobachten. Dasselbe gilt auch beim Hund: Einfach mal anfassen. Ein Hörzeichen wie »Sitz« oder »Platz« wirkt nachdrücklicher, wenn Sie dem Hund dabei die Hand auf die Schulter legen, nicht fest, aber bestimmt, sodass er Ihre Bestimmtheit körperlich spüren kann. Eine andere Geste, mit der Sie Ihren Worten Nachdruck verleihen können, ist einen Schritt auf den Hund zuzugehen, während Sie eine Aufforderung an ihn richten. Der Schritt in seine Richtung unterstreicht den fordernden Charakter Ihres Anliegens und zeigt Ihre Handlungsbereitschaft.

Raumgreifend agieren

Die selbstverständliche »Inbesitznahme« des Raumes ist eine klassische Machtgeste. Wer sich in seinen Stuhl kauert oder sich gar auf einem Sofa in der Mitte einkeilen lässt, macht sich klein. Ein Mensch mit Führungsanspruch würde wenigstens die Ecke wählen oder gleich das ganze Sofa beanspruchen, indem er in der Mitte Platz nimmt und großzügig Taschen und Papiere neben sich verteilt. Drinnen wie draußen den gemeinsamen Raum zu kontrollieren, ist eine der wirksamsten Methoden, Führung zu zeigen, insbesondere einem Hund gegenüber. Sie können das auf vielfältige Weise tun: indem Sie Tabuzonen errichten, beispielsweise das Betreten des Wohnzimmerteppichs oder der Küche untersagen, indem Sie ihn von dem Platz wegdrängen, wo er sich gerade aufhält, oder indem Sie auf eine große Individualdistanz bestehen. Ziehen sie dazu einen imaginären Kreis um sich herum, den der Hund nicht ohne Einladung betreten darf. Das wirkt insbesondere beim Gassigehen Wunder bei Hunden, die sich gern selbstständig machen und nur wenig auf ihren Menschen achten.

Bass statt Sopran

Wie eine in dem US-Magazin *Journal of Evolution and Human Behavior* veröffentlichte Studie belegt, verändert sich die Stimmlage je nachdem, wie mächtig ein Mann sein Gegenüber wahrnimmt. Selbiges gilt auch für Hunde, das geht zumindest aus dieser Studie hervor. Wird das Gegenüber als weniger dominant eingeschätzt, reagieren beide mit einer tieferen Stimmlage, um dem anderen die eigene Überlegenheit zu demonstrieren. Bei überlegenen Rivalen wird die Stimmlage hingegen höher, so das Ergebnis von Wissenschaftlern rund um David Puts von der University of Pittsburgh. Die Konsequenz für die Damen: Die Tonlage um mindestens eine Oktave senken, um Mann wie Hund eine Anweisung zu erteilen.

Überall anfassen

Den Hund überall anzufassen ist ein Balanceakt zwischen Freundlichkeit und Dominanz. Es zeigt dem Tier, dass Sie ihm nichts tun, obwohl Sie es könnten. Berühren Sie Ihren Hund daher öfter auch an ungewohnten Stellen, zwischen den

Ein aufrechter Gang und den Blick nach vorn gerichtet – so folgen Hunde ihrem Menschen gern und ohne zu zögern.

Zehen, an den Fußballen, am Zahnfleisch oder an der Schwanzspitze. Eine weitere Möglichkeit ist, den Körper des Hundes mit einem Gegenstand sanft abzustreifen, ohne dass er sich entziehen darf. Wenn Sie merken, dass er sich unbehaglich fühlt, nehmen Sie die Hand oder den Gegenstand kurz weg, um zu signalisieren, ich habe verstanden. Dann starten Sie erneut bis kurz vor die Zone, die dem Hund unangenehm war und nähern sich ihr langsam wieder. Sie wiederholen das Ganze so lange, bis der Hund die Berührung überall entspannt zulassen kann.
Bei allen Übungen gilt: Nie das Augenmaß verlieren und stets die eigenen Motive prüfen! Autorität ist nur legitim in Verbindung mit Zuneigung und Respekt.

Mein
Hund ist taub

TIERHEILPRAKTIKERIN UND MTA
ALEXANDRA BERTHOLD

- Von 2008 bis 2011 lebte Frau Berthold
  mit einer Dalmatinerhündin aus dem
  Tierschutz zusammen. Wie sich später
  herausstellte, war dieser Hund taub.

Woran haben Sie gemerkt, dass ihre Dalmatinerhündin taub ist?

Wenn ich Jeanie angefasst habe während sie schlief, ist sie immer unheimlich erschrocken. Erst dachte ich, das sei Zufall. Doch es passierte jedes Mal. Ich habe dann bewusst einen Topfdeckel fallen lassen als sie nicht hingeguckt hat. Obwohl es richtig gescheppert hat, hat sie nicht reagiert. Dann habe ich mich daran erinnert, dass bei Dalmatinern Taubheit nicht selten ist. Sie nimmt proportional mit dem Weißanteil im Fell zu. Jeanie war sozusagen prädestiniert: überwiegend weiß und ein blaues Auge.

Konnten Sie Jeanie frei laufen lassen oder waren Spaziergänge nur an der Leine möglich?

Jeanie kam aus Kalabrien, wo sie die ersten Jahre als Straßenhund gelebt hatte. An Freilauf war erst mal sowieso nicht zu denken, weil sie gerne stiften ging. Später, als sie besser erzogen war und eine enge Bindung an uns hatte, konnte ich sie unter gewissen Umständen schon frei laufen lassen.

Hatten Sie damals weitere Hunde?

Ja, eine zwölfjährige Dalmatinerhündin.

Manche Besitzer tauber Hunde arbeiten mit einem Laserpointer oder einem Vibrationshalsband um den

Hund aufmerksam zu machen und Blickkontakt herzustellen.

Solche Hilfsmittel habe ich nicht benutzt. Am Anfang lief viel über die Schleppleine damit sie sich an einen gewissen Radius gewöhnt. Am hilfreichsten war jedoch mein damaliger Zweithund Alexa. Alexa war immer abrufbar und Jeanie hat sich an ihr orientiert. Das lief nach dem Motto: »Aha, da muss irgendwas sein, denn Alexa läuft zurück.« Als Alexa gestorben war, wusste Jeanie aufgrund des Schleppleinentrainings, dass sie ab einem bestimmten Radius umdrehen musste, sodass ich sie in einem übersichtlichem Gelände auch frei laufen lassen konnte. Natürlich kam es vor, dass sie in ihr altes Straßenhund-Muster verfallen und stur weitergelaufen ist. Aber diese Episoden waren selten.

Wussten Sie, was mit einem tauben Hund möglich ist und was nicht?

Mir war klar, dass sich auch ein tauber Hund gut ausbilden und erziehen lässt, denn für Hunde sind Laute ja nicht so wichtig. Was ich lernen musste war, meine Körpersprache bewusst einzusetzen, mir zu überlegen, was strahle ich gerade aus? Vielen Menschen – auch Hundehaltern – ist dies oft nicht bewusst. Wir Menschen sind auf Worte fixiert. Dabei merken wir häufig gar nicht, welche Körperhaltung wir einnehmen.

Würden Sie sagen, dass Jeanie ebenso gut trainiert war, wie die meisten anderen Familienhunde auch? Oder gab es Defizite?

Ich war mal in einer fremden Hundeschule weil ich wissen wollte, ob jemandem Jeanies Taubheit auffällt. Wir haben alle Übungen mitgemacht und niemand hat etwas bemerkt. Zugegeben, im Schäferhundverein hätten wir keinen Pokal gewonnen, aber der Hund konnte »Sitz«, »Platz«, »Fuß« wie jeder andere auch und war vollkommen alltagstauglich. Beim Radfahren etwa habe ich ein leichtes Schütteln der Leine dazu benutzt, sie aufmerksam zu machen. Dann konnte ich ihr über Zeichen erklären, dass sie näher da bleiben oder langsamer laufen sollte. Dazu habe ich auf das Pedal gezeigt. Dieses Lernen hat dem Hund sehr viel Spaß gemacht und sie hat das schnell verstanden.

Was hat nicht so gut geklappt?

Der Abbruch hat nicht so gut funktioniert. Wenn sie weiter weg war, waren Pfeifen und Rufen ja sinnlos. Ansonsten konnte ich einen Schlüssel oder die Leine in ihre Richtung werfen, um sie zu ermahnen. Anfangs habe ich noch viel entschuldigt. Dann habe ich schnell gemerkt, wenn die Kommunikation prinzipiell stimmt, kann auch ein tauber Hund folgen.

Hat die Taubheit den Kontakt zu anderen Hunden beeinträchtigt?

Nein, die Kommunikation mit anderen Hunden war nicht beeinträchtigt. Allerdings hat Jeanie nicht gebellt.

Sie haben jetzt wieder zwei Dalmatiner. Haben Sie diesmal erst einen Hörtest machen lassen?

Nein. Ich habe den tauben Hund eher als eine Chance gesehen mich selber zu reflektieren und die Bereitschaft zu entwickeln, mich ganz auf die Hundesprache, also die Körpersprache, einzustellen. Für mich als Hundehalter war es ein Riesenschritt und ich würde es wieder machen. Ich habe sogar lange überlegt, bewusst wieder einen tauben Hund zu nehmen. Aber dann habe ich es bei Tini einfach darauf ankommen lassen. Bella habe ich von einem Züchter gekauft. Dort wird mit den Welpen sowieso ein Hörtest gemacht, bevor sie abgegeben werden. Dabei wurde festgestellt, dass Bella nur auf einem Ohr hört. Aber das beeinträchtigt sie nicht.

Gehen Sie mit Hunden anders um, seit Sie einen tauben Hund hatten?

Ja, ich texte meine Hunde nicht mehr zu, sondern setzte Worte viel weniger und gezielter ein. Außerdem versuche ich Emotionen aus dem Umgang mit den Hunden rauszunehmen und sachlicher zu sein.

DIE HARMONILOGIE

Klar und direkt soll die Kommunikation mit dem Tier sein, sagt Anne Krüger. Die Tierwirtschaftsmeisterin und Schäferin hat ihre eigene Methodik entwickelt, Tiere zu erreichen. Sie nennt sie die Harmoni-Logie. Die HarmoniLogie kommt gänzlich ohne Futter oder andere Verstärker wie Spielzeug aus. Schon allein das ist beinahe revolutionär.

Doch Anne Krüger hat die Erfahrung gemacht, dass das Einführen einer »Währung«, also die ständige Leckerchengabe, den direkten Dialog bloß verschleiert. Da stehen sich zwei gegenüber und können sich nicht wirklich erreichen, weil immer etwas dazwischen steht: Das empfindet Anne Krüger als großen Hemmschuh im Umgang mit Hunden. Der Schlüssel zur HarmoniLogie ist der wertfreie Umgang mit dem Tier. Das bedeutet, dessen

Verhalten nicht zu interpretieren, sondern lediglich zu beobachten. Der Fokus der HarmoniLogie liegt auf der Verhaltensänderung, nicht auf der Frage: »Warum machst du das jetzt?« Das klingt nüchtern, dabei geht es um große Gefühle, nämlich um Vertrauen und Respekt.

Mit Respekt, aber ohne Futter

Wir Menschen können nicht wissen, wie sich ein Hund fühlt, wir können ihn auch nicht danach fragen. Aber wir können sein Verhalten möglichst neutral beobachten und entsprechend darauf reagieren. Im Idealfall tauchen in einem guten Dialog à la Anne Krüger wenig Emotionen auf. Wenn ihre Hunde ihren Kopf in ihre Hände drücken, spüre sie das zwar tief in ihrem Herzen, sagt sie, doch der Informationsaustausch zwischen ihnen ist klar, sachlich und vor allem respektvoll. Von Futter als Belohnung hält sie nichts. Futter sei Verführung, meint sie. Ohne Verführung ist der Dialog wesentlich direkter als mit dem Futter in der Tasche.

Der direkte Draht: Das Spiel mit den sechs Karten

Anstatt der vier »F« *(siehe Seite 152)* unterscheidet Anne Krüger sechs »Karten«. Jede beschreibt eine von sechs grundlegenden Verhaltensweisen, mit denen Tiere reagieren: abwehrend, passiv, devot, bedrängend, mit Flucht oder einem »aktiven Angebot«, etwa wenn ein Hund schwanzwedelnd Platz macht, wenn er im Weg war. Die Idee ist, dass Menschen lernen, diese Karten zu lesen, und den Hund im Dialog dazu bewegen können, statt der

INFO

Die sechs »Karten«

Im Umgang mit einer Anforderung können Hunde genau sechs Karten »ausspielen«:
- Passivität
- devotes Verhalten
- Bedrängen bzw. Distanzlosigkeit
- Abwehr
- Flucht bzw. Meideverhalten
- aktives Angebot

Karte, die er gezogen hat, eine andere zu ziehen. Wichtig ist, der Hund darf alle »Karten« behalten. Es soll ihm nichts abgewöhnt werden, denn schließlich ist jede Karte wertvoll und Teil seines natürlichen Verhaltensrepertoires. Selbst die Karte »Aggression« ist manchmal erwünscht, nämlich wenn der Hund uns, sich selbst oder unser Eigentum beschützen soll. Der Mensch sollte nur in der Lage sein, das individuelle Mischungsverhältnis der Karten zu beeinflussen. Er soll bestimmen können, wann der Hund welche Karte zieht.

1. Karte: Passivität – Denken Sie nur an den Hund, der stoisch vor der geöffneten Heckklappe Ihres Fahrzeugs steht und nicht reinspringen will.

2. Karte: devotes Verhalten – Das zeigt etwa ein untertänig hechelnder, sich duckender Hund, der die Ohren hängen lässt und höchstens kurze Blicke nach oben wirft.

3. Karte: drängen und bedrängen – Zum Beispiel der Hund, der ständig seinen Kopf auf den Schoß des Halters schiebt, ihn anstupst, zudringlich die Hand einfordert, direkten Blickkontakt sucht und verlangt, gestreichelt zu werden.

4. Karte: Abwehr – kann ein schlichtes Gegenhalten sein, ebenso ein Knurren oder Abschnappen oder das Gegenteil, nämlich

5. Karte: Flucht oder Meideverhalten – Weglaufen ist die offensichtlichste Reaktion, die unter diese Karte fällt. Aber es gibt auch ganz feine Abstufungen, wie sich klein machen oder einfach den Blickkontakt abbrechen.

Passivität, devotes Verhalten, Bedrängen, Aggression und Flucht – diese fünf Optionen möchte Anne Krüger in der Arbeit

Ist der Hund angebunden, soll er die Karte »passiv« ziehen. Die Leine verhindert, dass er die Karte »Flucht« wählt.

mit dem Hund meistens vermeiden. Das Ass, mit dem gepokert werden kann, ist nämlich die sechste Karte.

6. Karte: Das aktive Angebot – Ein Hund, der diese Karte »spielt« ist achtsam, höflich und gesprächsbereit und versucht aktiv herauszufinden, wo die Lösung für die Aufgabe, die der Mensch ihm stellt, versteckt sein könnte. Er macht Angebote und ist gleichermaßen bereit, Abstand zu halten oder gern heranzukommen. Er zeigt sich weder devot noch bedrängend, sondern arbeitet mit freudig wedelnder Rute und offenem Gesicht.

Das Besondere: Der Mensch steht allen unerwünschten Verhaltensweisen des Hundes emotional neutral gegenüber. Er bewertet weder aggressives noch devotes Verhalten negativ oder interpretiert es im Sinne von: »Das macht er gerade, weil ...« Er teilt dem Hund lediglich mit: »Das ist nicht die richtige Lösung, biete mir eine andere an.«

Wie bekomme ich die richtige *Antwort* von meinem *Hund?*

SCHÄFERIN UND TIERTRAINERIN ANNE KRÜGER

■ »Generel gilt: Nicht fragen, warum ein Hund etwas macht, sondern fragen, wie bekomme ich die richtige Antwort.«

Wie erklären Sie dem Tier, was Sie von ihm wünschen?

Mit den Worten »Ja!« und »Nein!«, »Richtig!« und »Falsch!«. Ich nenne »Ja!« und »Nein!« ziehende und schiebende Hilfen, weil ich mich nicht nur verbal, sondern auch körpersprachlich ausdrücke. »Ja!« ist ziehend und eine Bewegung vom Hund weg. »Nein!« ist schiebend und eine Bewegung auf den Hund zu.

Wozu benutzen Sie diese Hilfen?

Sie dienen zuerst dazu, den Hund aufmerksam und gesprächsbereit zu machen, aber auch dazu Nähe und Distanz zu regulieren. Wenn Sie den Hund ansprechen und er reagiert, wenn Sie den Hund anknurren und er weicht und ist achtsam, dann ist die Basis der Hundeausbildung gelegt. Alle weiteren Lektionen werden ebenfalls über diese beiden Hilfen gelernt. Ich verstecke eine Lösung und biete als Hilfe heiß und kalt, ziehend und schiebend an. Die Hilfen dirigieren den Hund so, dass er die Lösung selber finden kann. Das ist leicht und nachvollziehbar, wenn man sich einmal auf die Struktur einlässt und versteht, dass Schieben keine Strafe ist. Schieben ist eine Hilfe.

Wie sehen diese Hilfen konkret aus?

Bei den schiebenden Hilfen lernt das Tier: Die Lösung liegt in der Distanz zu mir. Der Mensch knurrt oder gibt einen anderen warnenden Laut von sich, und der Hund fängt daraufhin an, Höflichkeitssignale zu senden und etwas mehr Distanz anzubieten. Als Folge davon lauert er darauf, dass der Mensch ihn wieder einlädt, in seine Nähe kommen zu dürfen. Wenn der Hund auf den Warnlaut nicht mit der gewünschten Distanz reagiert, ist mehr Nachdruck nötig. Dafür gibt es verschiedene Impulsstärken, wie Knurren plus Körperspannung oder Knurren plus klatschendes, impulsives Geräusch mit der Hand oder mit der Leine am Körper des Trainers.
Bei den ziehenden Hilfen lernt der Hund: Die Lösung liegt in meiner Nähe. Die erste ziehende Hilfe ist der Name des Hundes.

Verstärkt werden kann diese durch den Namen des Hundes plus eine entspannte Körperhaltung oder den Namen des Hundes plus eine einladende Körpergestik.

Was, wenn der Hund nicht reagiert?

Wenn der Hund nicht auf die ziehende Hilfe reagiert, wird diese nur dann verstärkt, wenn der Hund noch nicht verstanden hat, was er machen soll. Hat er verstanden will aber nicht entsprechend reagieren, antwortet der Mensch sofort mit einer schiebenden Hilfe. Kann er nicht oder will er nicht – diese Frage entscheidet über die Art der eingesetzten Hilfe.

Belohnen Sie Ihre Hunde mit Futter?

Nein, denn Leistung mit Lob zu würdigen trägt mehr, als mit Futter dafür zu bezahlen. Viele Hundehalter können sich jedoch nicht vorstellen, dass ein Tier etwas für den Menschen tut, ohne konkrete Gegenleistung. Dabei stehen die Tiere dort mit dem Bedürfnis eine Aufgabe zu bekommen oder mit dem Bedürfnis nach Kontakt. Und ich brauche nur dieses Bedürfnis zu befriedigen, dem Tier den Kontakt und die Harmonie zu bieten. Im Grunde genommen brauche ich ihm nur meine Liebe zu geben, aber die meisten Menschen meinen, bei einem Tier ginge diese Liebe am besten durch den Magen. Respekt vor einem Tier heißt für mich, es weder zu verführen noch zu überwinden, sondern den direkten Kontakt zu suchen, den ehrlichen, offenen Dialog.

Ist die Methode leicht zu erlernen?

Man kann meine Philosophie leicht umsetzen, wenn man folgendes versteht: Im Dialog mit dem Hund braucht man eine Distanz zur Thematik. Diese Distanz fällt vielen Hundehaltern schwer. Sie fühlen sich persönlich angegriffen, wenn der Hund Abwehr zeigt. Sie verstehen nicht, dass der Hund nicht die Person an sich meint, sondern sich gegen das Thema wehrt. Ich fühle ich mich von einem Hund nicht angegriffen, wenn er mich bedrängt oder abgelehnt wenn er flieht. Er meint es ja nicht persönlich. Sondern er meint den Reiz der von mir ausgeht, das, was ich gerade tue. Warum der Hund knurrt oder flieht, spielt im Moment des Dialogs keine Rolle: Der Fokus liegt allein auf der Verhaltensänderung.

Womit haben Hundehalter die meisten Probleme?

Gerade wenn sie mit schiebenden Hilfen arbeiten sollen, haben viele Hundehalter Angst, dass Ihr Hund sie deswegen weniger liebt. Aber genau das Gegenteil ist der Fall. Weil der Mensch plötzlich Führungsqualität entwickelt, himmelt sein Hund ihn an. Viele Menschen haben Sorge einen Hund, der sich sowieso für alles mehr interessiert als für sie, auch noch wegzuschieben. Und wenn er dann devot wird und beschwichtigt, kommt das schlechte Gewissen. Aber möglicherweise ist die in dem Moment gezeigte Unterwürfigkeit des Hundes genau das Gewürz, das in dieser Partnerschaft seit Ewigkeiten gefehlt hat, nämlich das Gewürz der Höflichkeit und des Respekts. Ich weiß, dass ich mit dieser Haltung weit weg vom Mainstream bin. Wobei ich absolut überzeugt bin, dass dies der einzig gangbare Weg ist mit Tieren umzugehen, weil er ehrlich ist.

Hörzeichen *statt Wortschwall*

Hörzeichen sind gesprochene Anweisungen, die den Hund dazu bringen sollen, sich auf eine bestimmte Weise zu verhalten. Mit der natürlichen Kommunikation innerhalb eines Rudels haben sie nichts zu tun. Dennoch macht sich der Mensch seit Jahrhunderten mit Hörzeichen seinen Hund nutzbar.

Wenn Sie möchten, dass Ihr Hund vom Sofa verschwindet, darf das nicht wie eine Bitte klingen. Doch oft genug sagen wir »Geh runter«, während unser Tonfall sagt »Wie süß er aussssieht«. Oder wir sagen »Aus!« und unser Tonfall lässt erkennen, dass wir uns im Zweifel nicht durchsetzen. Schon nimmt der Hund den Freiraum wahr und nutzt die sich bietende Lücke.

JA UND NEIN SAGEN

Anstatt aufeinander einzugehen, betreiben wir im Gespräch mit unseren Hunden häufig eine Art »Einweg-Kommunikation«: Wir erteilen dem Hund einen Befehl wie »Komm« oder »Bei Fuß« und er soll lernen, das zu verstehen und zu befolgen. Dabei haben solche Hörzeichen mit Hundesprache nichts zu tun. Kein Tier fordert ein anderes zum »Pfötchen geben« auf oder sagt »Hopp«, wenn sein

Unter Hunden gibt es keine Hörzeichen. Nur im Umgang mit dem Menschen haben sie gelernt, darauf zu achten.

Kumpel irgendwo hochspringen soll. In der Hundesprache gibt es kein »Sitz«, »Platz« oder »Lauf« an lockerer Leine. Im Gegenteil, leiten und lenken lassen sich Hunde auch ohne viele Worte, durch das Vermitteln von »Richtig« und »Falsch«, durch Setzen von Grenzen und gewähren lassen. Das ist Sprache, die Hunde sofort verstehen und die nicht erst antrainiert werden muss.

Zurückbellen oder Knurren

Auch wenn Hunde sich noch so viel Mühe geben, uns zu verstehen, mit Begriffen wie »Sei brav!« können sie wenig anfangen. Daher drehen manche Halter den Spieß einfach um: Statt ihrem Hund beizubringen, möglichst viele Hörzeichen zu unterscheiden, bellen, knurren oder winseln sie selbst, um sich mit ihrem Vierbeiner auszutauschen. Manche Hundebesitzer laufen im Bogen auf ihr Tier zu, um es nicht zu bedrängen, oder lecken sich mit der Zunge über die Lippen, um es zu beschwichtigen. Doch Hunde haben nicht nur ein anderes Vokabular, sondern auch

Dass die Ausbildung mit dem Clicker
oft gut gelingt, liegt auch daran, dass
das technische Klick-Geräusch keine
Emotionen verrät.

sondern reagieren je nach Typus oder Situation mit Abwehr. Angemessen ist das Knurren in jedem Fall bei Welpen. Sie wissen, dass sie ihrer Mutter bzw. ihrer Bezugsperson gehorchen müssen, und ein Knurren wird meistens sofort verstanden. »Hundeflüsterer« wie der Amerikaner Cesar Millan benutzen Worte beim Training ausschließlich, um Zweibeinern das Wesen des Hundes jenseits aller Kommandostrukturen zu erklären. Denn Hunde können gut auf sie verzichten. Hörzeichen gehören zur Ausbildung eines Hundes, jedoch nicht unbedingt zu seiner Erziehung. Ein Familienhund kann durchaus gut erzogen sein, ohne »Sitz«, »Platz«, »Fuß« zu können. Höflich sein und gutes Benehmen ist soziales Lernen und kein formales.

eine andere Denkweise. Wenn Sie knurren, um ihn vom Sofa zu vertreiben, oder bellen, um seine Aufmerksamkeit zu erregen, muss Ihr Hund nicht zwangsläufig wissen, was Sie meinen. Dem differenzierten Bellen eines Hundes kann ein Mensch gar nicht gerecht werden. Das bedeutet aber nicht, dass Hunde nicht reagieren, wenn wir sie nachahmen. Sie bellen vielleicht zurück oder sehen uns zumindest einen Augenblick interessiert an. Jedoch nicht, weil wir ihnen gerade etwas Interessantes gesagt haben, sondern eher, weil wir uns anders verhalten, als sie es von einem Menschen üblicherweise gewohnt sind. Erwachsene Hunde empfinden Knurren oder ähnlich tiefe Laute leicht als Bedrohung. Nicht immer ordnen sie sich unter,

Was ist wichtiger: Erziehung oder Ausbildung?

Zur Erziehung gehört zum einen das rein formale Erlernen wie das Gehen an der Leine oder auch das zuverlässige Kommen auf Zuruf. Auf der anderen Seite spielt allerdings das soziale Lernen eine noch größere Rolle. Soziales Lernen in Form von »ich lege die Grenzen fest« ist ein absolutes Muss, um sich in dieser Welt frei zu bewegen. Es beinhaltet ein verbindliches Regelwerk, feste Vereinbarungen für den täglichen Umgang. Der Hund lernt, dass er bestimmte Dinge darf und andere wiederum nicht. Erziehung ist geprägt durch »WEG VON ...«, nämlich »weg von« provokativ anspringen, unkontrolliert losstürmen, kläffen, beißen, Unrat aufnehmen, unkontrolliert jagen usw. Das bedeutet auch, weg von allen Strategien, mit denen der Hund unangemessen manipuliert. Verlässliche Regeln helfen dem Vierbeiner, sich in unserer Welt zurechtzufinden und relevante Entscheidungen dem Menschen zu überlassen. Ein Hund ist nicht erzogen, wenn ihm nicht genügend Grenzen gesetzt werden oder er gesetzte Grenzen nicht akzeptiert.

Ausbildung ist die Möglichkeit, die speziellen Fähigkeiten eines Hundes zu fördern und ihm Vorgänge beizubringen, die er zum Zusammenleben in unserer Gesellschaft nicht unbedingt braucht.

Ausbildung ist geprägt durch »HIN ZU ...«, nämlich »hin zu« antrainiertem Verhalten wie das Suchen nach Menschen oder Gegenständen, auf Signal hinsetzen, hinlegen und bleiben. Jedoch fordert genau diese Beschäftigung den Hund, fördert sein Selbstbewusstsein und lastet ihn somit auch aus.

HÖRZEICHEN AUFBAUEN

Es gibt mehrere Möglichkeiten, Hörzeichen so aufzubauen, dass der Hund sie zuverlässig befolgt. Egal, welchen Ausbildungsweg Sie wählen, Ziel ist immer: Der Hund soll das gewünschte Verhalten verlässlich zeigen und nicht erst, wenn Herrchen oder Frauchen vorher in der

INFO

Die goldenen Regeln der Hundeausbildung

Die Voraussetzung, um einem Hund etwas beizubringen, ist eine Mischung aus Respekt und Interesse. Er muss gewissermaßen zuhören und mitmachen wollen.

- Belohnen Sie alles, was der Hund gut macht.
- Sprechen Sie nur, um zu loben.
- Beginnen Sie erst, wenn Sie wissen, was Sie dem Hund sagen wollen und wie der Hund die Übung ausführen soll.
- Bringen Sie Ihrem Hund erst dann etwas bei, wenn Sie sicher sind, wie Sie es vermitteln wollen und wenn Sie jeden Lernschritt klar vor sich sehen.
- Arbeiten Sie genau!
- Schließen Sie das Training immer mit einer guten Leistung des Hundes ab.
- Hören Sie nie nach einer schlechten Leistung auf.
- Üben Sie nie so lang, bis der Hund müde oder genervt ist.
- Hören Sie immer auf, wenn es am schönsten ist.

Hosentasche nach Wurststücken gekramt hat. Je nachdem, ob man sogenannte Verstärker wie Futter oder Spielzeug einsetzt oder den Hund einfach »nur« lobt, ist der Ansatz verschieden. Mit einem Verstärker geht es anfangs leichter, aber er lenkt auch ab. Der Hund überlegt: »Wie komme ich ans Futter?«, und nicht »Was kann ich tun, damit mein Mensch mit mir zufrieden ist?«. Futter gaukelt dem Halter schnell vor, die Fäden in der Hand zu haben. Dabei ist es oft genau anders herum. Der Hund verweigert sich so lange, bis der Mensch den Leckerbissen rausrückt. Was dabei verloren geht, ist das Hinhören, das Beobachten, der Respekt. Außerdem müssen die Verstärker wieder abgebaut werden, wenn man nicht für jedes »Sitz« oder »Platz« »bezahlen« möchte.

SENDEN SIE IMMER KLARE SIGNALE

Dass Hunde auf Pfeifen oder den Clicker *(siehe Seite 202)* oft besser reagieren als auf Worte, hängt damit zusammen, dass die Geräusche, die diese Gerätschaften verursachen, immer gleich klingen und damit eindeutiger sind als die menschliche Stimme. Deshalb sollte jedes Hörzeichen in Wortwahl, Stimmlage und Lautstärke immer möglichst ähnlich ausgesprochen werden. Zusatzwörter oder Befehlswiederholungen sollten Sie unbedingt vermeiden. Nur wenn Stimme und Stimmung tatsächlich dasselbe sagen, und der Mensch sich dessen bewusst ist, ist die Botschaft für den Hund unmissverständlich. Ansonsten sucht er sich eben die Information heraus, die ihm gerade am besten passt. Das Ergebnis: Er gehorcht, oder auch nicht.

Ihr Hund hört Ihre Emotionen

Viele Hundebesitzer meinen: »Er versteht tatsächlich jedes Wort.« Das stimmt, aber anders als sie vielleicht denken. Der Hund begreift den Sinn der gewählten Sprachbefehle nicht. Er hat keine Ahnung, was »Nein« oder »Aus« in unserer Welt bedeuten. Er merkt sich bloß das Klangbild. Aber eines kann er sehr gut: Aus diesem Klangbild Emotionen heraushören. Selbst einsilbige Ausdrücke wie »Komm« oder »Fuß« können für ihn so klingen wie:

- Ich fühle genau, wenn ich dich jetzt rufe, wirst du nicht kommen.
- Ich möchte dass Du kommst, falls du gerade Zeit für mich hast.
- Komm bitte, die anderen Leute gucken schon.
- Wenn Du jetzt nicht kommst, raste ich aus!
- Komm schnell, da drüben nähert sich ein anderer Hund.

Hunde haben gelernt, auf den Menschen zu achten, weil es vorteilhaft für sie ist. Schließlich kann der Mensch den Kühlschrank öffnen und die Dose mit dem Hundefutter. Der Mensch hat auch die Kontrolle über die Tür nach draußen, und er ist derjenige, der entscheidet, wann gespielt wird und wann nicht, wann es rausgeht, um andere Hunde zu treffen, und wann Ruhe herrscht. Hunde haben ein Gedächtnis für das, was ihnen wichtig ist, sie merken sich sozusagen die Rituale ihres »Rudels«. Da sie kein direktes Empfinden für Zeit haben, machen sie ihre Wahrnehmung überwiegend an immer wiederkehrenden Ereignissen fest.

Erziehungs–TIPP

WIE HUNDE HÖRZEICHEN LERNEN

Konfliktfreies Lernen heißt Lernen am Erfolg. Das richtige Verhalten soll einfach sein, das falsche Verhalten schwierig. Oft werden Hörzeichen zu früh eingeführt. Wir sagen »Sitz« oder »Komm«, ohne uns sicher zu sein, dass der Hund das Signal auch befolgen wird. Sehr schnell lernen die Hunde dann, dass es nicht unbedingt notwendig ist, auf das Hörzeichen zu reagieren. Hier ein Drei-Stufen-Modell, mit dem es zuverlässig klappt. Als Beispiel dient das Hörzeichen »Platz«:

STUFE 1: Sie nehmen ein Stück Wurst in die Hand und halten die geschlossene Faust auf den Boden. Der Hund wird versuchen, an die Wurst zu kommen. Er wird eventuell an Ihrer Hand kratzen, sich setzen oder bellen und irgendwann wird er sich hinlegen. Im gleichen Moment, in dem der Bauch des Hundes den Boden berührt, geht die Hand auf und er darf die Wurst nehmen. Gleichzeitig kommt ein großes Lob mit freundlichen Frequenzen. Es braucht am Anfang etwas Geduld, aber nach etwa 50 bis 100 Wiederholungen wird sich der Hund ohne nachzudenken schnell auf den Boden legen, sobald die Faust den Boden berührt. Erst dann, wenn er sich reflexartig hinlegt, ist es Zeit für Stufe 2. Ganz wichtig: Das Hörzeichen »Platz« fällt noch mit keinem Wort.

STUFE 2: Sie halten die leere, nicht nach Futter riechende Faust auf den Boden. Wenn der Hund sich hinlegt, bekommt er die Belohnung aus der anderen Hand. Dann wird das Sichtzeichen langsam abgebaut, indem wir die Hand nicht mehr ganz auf den Boden bringen, bis wir im

Sobald der Bauch des Hundes den Boden berührt, bekommt er das Futter aus der Hand.

Stehen die angedeutete Faust Richtung Boden führen und der Hund sich sofort hinlegt. Auch in dieser Phase braucht es mindestens 50 Wiederholungen. Das Futter kommt immer noch regelmäßig aus der anderen Hand. Erst jetzt beginnen Sie, in die Bewegung des Sich-Hinlegens hinein das Hörzeichen zu sagen. Aus der Faust als Sichtzeichen kann im Lauf der Zeit auch eine flache Hand werden.

STUFE 3: Legt sich der Hund auf das Sicht- und Hörzeichen, die noch gleichzeitig gegeben werden, zuverlässig hin, wird die Belohnung nur noch in unregelmäßigen Abständen gegeben. Damit ein Hund ein Signal immer zuverlässig ausführt, muss er es generalisieren. Sonst lernt er, dass »Platz« immer nur im Wohnzimmer oder im Garten geht, je nachdem wo geübt wurde. Daher muss man immer wieder an verschiedenen Stellen üben und später auch unter Ablenkung. Klappt etwas nicht, gehen Sie wieder ein oder zwei Stufen zurück. Je variantenreicher geübt wird, desto sicherer wird der Hund das Signal am Ende in jeder Situation zeigen.

Der Blinden-hund

ACHIM KRAFT MIT SEINEM BLINDENFÜHRHUND JODA

■ **Der 44-jährige Familienvater ist aufgrund einer Diabeteserkrankung 1998 erblindet. Seit März 2004 arbeitet er an der Universität Gießen. Zur Familie gehören zwei Labrador Retriever. Fame, acht Jahre, ist Familienhund und Freundin von Joda, dem fünfjährigen Blindenführhund.**

Hatten Sie gleich nach Ihrer Erblindung den Wunsch, sich einen Blindenführhund zuzulegen?

Nein, erst nach zwei Jahren. Zuerst bin ich nur mit einem Langstock gegangen. Aber mit dem kann man immer nur einen guten Meter abtasten und weder Höhen- noch Seitenhindernisse erkennen. Da rumpelt man ständig irgendwo dagegen. Wenn man etwa auf eine Baustelle zugeht, ertastet der Stock zwar ein Loch, aber erst, wenn man auch schon fast drinsteht. Da gab es schon gefährliche Situationen, deshalb der Wunsch nach dem Blinden- führhund, der in solchen Situationen hilft.

Wie hat sich Ihr Leben durch den Hund verändert?

Mit dem Hund war es wieder möglich, al- leine mit dem Zug zu fahren oder einkau- fen zu gehen. Ich konnte mich draußen wieder freier bewegen. Außerdem: Der Hund baut Hemmschwellen ab, er macht es mir leichter, mit Menschen in Kontakt zu kommen.

Wie kommunizieren Sie mit Ihrem Hund? Sie können ihn ja nicht beob- achten und sehen?

Es ist eher so, dass der Hund mich beob- achtet und mit mir kommuniziert. Joda hat gelernt, sich bemerkbar zu machen. Wenn ich ihn rufe ist er gleich an meine Seite oder stupst mich an. Ohne es extra eingeübt zu haben hat mich Joda auch schon mehrmals vor einer Unterzuckerung gewarnt. Der Hund stellt sich eben sehr auf mich ein.

Wie stellen Sie fest, ob der Hund Fehler macht?

Mit der Zeit bekommt man das raus und man merkt es natürlich auch am Resultat. Wenn Joda mich zu einem Kind zieht, das ein Brötchen in der Hand hat, fällt mir das natürlich erst mal nicht auf. Prävention ist in so einem Fall nicht möglich, denn wenn ich ständig in die Führarbeit eingreifen würde, wäre Joda verunsichert. Ein guter Hinweis ist aber, wenn Joda ziemlich stark nach links oder rechts läuft, also vom normalen Weg abweicht. Das hinterfrage ich und sage ihm: »Pass auf!« Meist korrigiert Joda sich dann. Falls er aber weiter in die falsche Richtung zieht, lasse ich ihn erst mal und warte ab, was passiert. Ich habe auch immer noch einen Taststock dabei und zur Not versuche ich mich damit vorzutasten, um herauszufinden, was die Ursache seines Verhaltens ist.

Kommunizieren Sie hauptsächlich über Hörzeichen?

Ja, über Hörzeichen und über Geräusche. Bei unseren Familienhunden gab es früher nur »komm«, »bleib« und »Fuß«. Jetzt läuft fast alles über Sprache oder Laute. Joda trägt eine Glocke, so kann ich hören wo er ist. Teilweise kann ich so auch hören, was er gerade treibt. Wenn er abrupt aus dem Lauf heraus stehen bleibt, versuche ich, sein Verhalten zu deuten.

Wie viele Hörzeichen kennt Joda?

Ungefähr 30. Dazu zählen auch die so genannten Nahführzeichen. Das sind Orte, die man regelmäßig aufsucht und die mit bestimmten Begriffen belegt sind, wie »Bus«, »Arbeit« oder »Metzger«. Da bringt mich Joda dann hin. Manchmal teste ich ihn auch und gehe bewusst in die andere Richtung, wenn Joda zum Metzger nach links abbiegen will, was richtig wäre.

Warum machen Sie das?

Einerseits um ihn ein bisschen zu provozieren und um sein Verhalten zu prüfen. Andererseits um ihn zu fordern, damit nicht immer alles Routine ist.

Wie können Sie beurteilen, wie das was Sie tun, beim Hund ankommt?

Das spüre ich. Wenn der Hund neben mir ist merke ich, ob er sich schüttelt, unsicher hin und hergeht oder mich in die richtige Richtung bringen will. Mit der Zeit kennt man seinen Hund ja ziemlich gut.

Inwiefern können Sie sich auf Joda im Wortsinn blind verlassen?

Es gibt natürlich unter Hunden Schlawiner, die meine Situation schamlos ausnutzen. Auch Joda hat das anfangs probiert und mich einfach im Feld stehen lassen, um nach den Hasen zu gucken. Wie viele Hundehalter bin ich da gestanden und habe nach ihm gerufen. Als er endlich kam, hat sich der schlaue Fuchs etwa 20 Meter entfernt von mir hingelegt und mich beobachtet. Irgendwann kam ein Passant und fragte: »Ist das Ihr Hund, der da drüben liegt?«. Danach habe ich zusammen mit Jodas Ausbilder am Rückruf und am Gehorsam gearbeitet. Seitdem klappt die Sache.

Sie können draußen wenig für Ihren Hund regeln, zum Beispiel wenn andere Hunde entgegenkommen. Joda muss alles selbst entscheiden und auch noch für Sie mit. Das ist bestimmt schwer für einen Hund.

Das ist richtig, aber ich habe einen großen Vorteil: Die sehenden Hundehalter reagieren oft falsch, sind nervös, angespannt und geben falsche Signale anstatt Hilfen. Dadurch, dass ich gar nichts mitbekomme, mache ich auch nichts falsch.

Wie Sie Ihrem *Hund* garantiert etwas *beibringen*

Unzählige Bücher befassen sich mit dem Thema, wie man Hunden etwas beibringen, sie vom Jagen abhalten oder ihnen das Betteln abgewöhnen kann. Schlagworte wie Konditionierung, Lerntheorie oder Reiz-Reaktions-Muster machen dabei die Runde. Ist Hundeerziehung wirklich eine Wissenschaft?

Vor rund 50 Jahren war es üblich, am Halsband zu rucken, wenn der Hund ein unerwünschtes Verhalten zeigte. Heute lobt man ihn, wenn er gehorcht. Im ersten Fall lernt der Hund, die unangenehmen Folgen einer Handlung zu vermeiden, im zweiten, ein bestimmtes Verhalten oft und gern zu zeigen, weil es ihm nützt. Beides funktioniert. Neu sind diese Methoden nicht. Bereits vor über 200 Jahren schrieb der englische Philosoph John Locke, dass wir durch Assoziationen lernen, also durch bewusste oder unbewusste Verknüpfungen von Gedanken und Erfahrungen. Als Erster systematisch erforscht hat dieses Thema der russische Physiologe Iwan Petrowitsch Pawlow. Dafür wurde er 1904 mit dem Nobelpreis gewürdigt. Seine und nachfolgende Untersuchungen ergaben, dass es zwei Arten von Assoziationen gibt. Die erste besteht in einer Verknüpfung zwischen zwei Reizen oder Sinneseindrücken, die andere assoziiert zwischen einer Handlung und dem, was dabei herauskommt. Diese beiden Arten der Assoziation entsprechen zwei unterschiedlichen Formen des Lernens. Ein Beispiel für die erste Art ist das Gewitter. Erst sehen wir einen Blitz und dann erwarten wir, einen Donner zu hören, weil erfahrungsgemäß das eine auf das andere folgt. Dasselbe passiert, wenn der Hund die Kühlschranktüre hört und ihm bei diesem Geräusch bereits das Wasser im Maul zusammenläuft.

Die zweite Art der Assoziation, also: »Ich tue etwas, weil es mir Vorteile bringt« oder »Ich unterlasse etwas, weil es eine unangenehme Konsequenz hat«, hat unsere Vorstellung von Erziehung enorm geprägt. Wir unterstellen einem Hund kaum noch andere Handlungsmotive, als sich Futter zu verschaffen oder Unangenehmes zu vermeiden. Wir belohnen den Hund mit Essbarem, wenn er etwas gut macht, oder tadeln ihn oft unreflektiert und unangemessen, wenn er etwas tut, das uns nicht passt. Beim Belohnen wie auch beim Bestrafen machen wir Fehler und verursachen unbewusst Fehlverknüpfungen.

Lob, hier eine liebevolle Streicheleinheit, dient – im richtigen Moment eingesetzt – als positiver Verstärker.

MOTIVATIONSKONZEPTE

Hunde motivieren einander etwa durch Spielaufforderung. Doch statt mit einem Stöckchen im Mund locken wir lieber mit einem »Fein« und anschließendem Leckerchen oder mit Spielzeug als Bestätigung. Das Ergebnis ist dasselbe: Der Hund lernt, welche Handlungen erfolgversprechend sind, und führt sie daher oft und gern aus. Doch was motiviert Hunde am besten?

Die positive Verstärkung

Neben Futter gibt es viele Arten der Belohnung: Spielzeug, Ruhepausen, liebevolle Streicheleinheiten oder dynamische Bewegung. Lob ist das, was der Hund als solches empfindet, zum Beispiel auch die Erlaubnis ins Wasser zu springen (im Sommer) oder etwas apportieren zu dürfen. Alles was wir neu beginnen und

dem Hund erst beibringen wollen, sollten wir mit viel Lob und Belohnung angehen. Motiviert lernt er nämlich am schnellsten. Hat er die Übung verstanden, reicht es, ab und zu mal zu belohnen, das steigert die Motivation des Hundes sogar. Sporadische Futterbelohnungen spornen den Hund nämlich ähnlich an wie ein »einarmiger Bandit« den Menschen.

Der Knackfrosch

Auch Hundeerziehung unterliegt Trends. »Positiv verstärken – sanft erziehen«, »Erziehung nach neuesten wissenschaftlichen Erkenntnissen« oder »Hundeerziehung mit Spaß und Spiel« sind Schlagworte, die aus einem alten Kinderspielzeug das neue »Must Have« der Hundeerziehung machten. Der Knackfrosch oder zu Neudeutsch »Clicker« löste nicht nur eine Erziehungswelle aus, sondern verknüpfte diese gleich

INFO

Clickertraining

Beim Clickertraining wird ein Geräusch eingesetzt, um erwünschtes Verhalten zu bestätigen. Der Hund lernt, dass dieses Geräusch eine Futtergabe ankündigt. Weil das Clicken die Futterbelohnung lediglich ankündigt, spricht man auch von einem Brückensignal, da es die Zeitspanne zwischen dem erwünschten Verhalten und der darauf folgenden Belohnung überbrückt. Die Vorteile des Clickers sind der punktgenaue Einsatz und die Bestätigung des Hundes auf Distanz. Außerdem ist die Bestätigung durch den Clicker nicht an eine bestimmte Bezugsperson gebunden, setzt also keine gewachsene Beziehung zwischen Mensch und Hund voraus. Der Nachteil ist, dass beim Clickertraining ausschließlich erwünschtes Verhalten verstärkt wird. Unerwünschtes Verhalten wird dadurch nicht unterbunden.

mit einer Ideologie. Wer seinen Hund mit dem Clicker erzieht, gilt als guter Mensch, als moralisch wertvoll. Bestrafende Maßnahmen und Abbruchsignale spielen beim Clickertraining nämlich keine Rolle. Begründet wird das Clickertraining mit der Lerntheorie, die wissenschaftlich gesehen allerdings völlig wertfrei ist und aus der das Thema Bestrafung beim Clickertraining schlichtweg ausgeklammert wurde.

GRENZEN SETZEN

Ein gewisses Maß an Reglementierung gehört zur Hundeerziehung dazu. Schließlich wollen Sie derjenige sein, an dem sich der Hund orientiert. Sie möchten einen verbindlichen Rahmen abstecken, in dem Erlaubtes und Verbotenes definiert ist. Ein Hund ist nicht erzogen, wenn ihm nicht genügend Grenzen gesetzt werden oder er gesetzte Grenzen nicht akzeptiert. Dennoch gehört das Thema »Strafen« oder »Grenzen setzen« zu den schwierigsten Kapiteln der Hundeerziehung. Dabei ist es im gesamten Tierreich ein völlig unbekanntes Phänomen, dass falsche oder unerwünschte Verhaltensweisen keine Konsequenzen nach sich ziehen. Dort wird sanktioniert, zunächst freundlich, aber auch sehr eindeutig, wenn es sein muss. Im Menschenreich ist das häufig anders. Zwar geht es auch hier in Sachen Hundeerziehung im Wesentlichen um zwei Verhaltensmuster, nämlich »Ich will das nicht, also lass es sein« und »Damit bin ich einverstanden, das machst du gut.« Aber eben nur theoretisch. Allzu oft macht unser Gefühl gegenüber Hunden dem konsequenten Handeln einen Strich durch die Rechnung. Das schiefe Köpfchen, der

Hörzeichen wie »Platz« wirken nachdrücklicher, wenn Sie dem Hund dabei die Hand auf die Schulter legen, sodass er Ihre Bestimmtheit körperlich spürt.

treue Blick, das leise Fiepen machen es nicht leicht, ein gesundes Gleichgewicht zwischen Ja und Nein zu finden. Hunde lernen bestimmte Verhaltensmuster auch dadurch, dass sie verschiedene Lösungen testen und diejenige beibehalten, mit der sie Erfolg haben. Durch permanenten Misserfolg dagegen werden Verhaltensweisen nach einigen Versuchen wieder eingestellt. Beispiel dafür ist das lästige Betteln am Tisch. Ein Hund, der konsequent nie etwas bekommt, wird auch nicht betteln. Es lohnt sich einfach nicht.

Strafe muss auch mal sein

Für das Thema Strafe gilt ebenso wie für das Thema Lob, dass wir sie individuell anpassen müssen. Über ein lautes Nein mag der eine Hund völlig entsetzt sein, ein anderer bleibt total unbeeindruckt. Welche Einwirkung die richtige ist, erken-

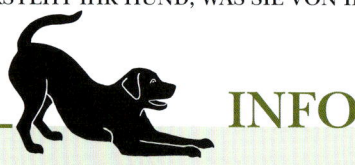

INFO

Richtig Strafen

Die Strafe muss für den Hund erkennbar mit dem Verhalten zusammenhängen, also auch zeitnah erfolgen.

Die Strafe muss bei jedem Mal erfolgen, wenn das unerwünschte Verhalten gezeigt wird, also nicht nur sporadisch.

Die Strafe sollte von Anfang an angemessen sein, stufenweises Steigern funktioniert nicht.

Die Strafe muss auch eine alternative, erwünschte Verhaltensweise möglich machen, die verstärkt werden kann.

nen wir daran, dass sie das Verhalten des Hundes unmittelbar unterbricht, er sich aber durch das darauf folgende Aufmuntern sofort wieder unbefangen und aufgeschlossen verhält. Ist der Hund durch die Strafmaßnahme verängstigt, war sie unangemessen hart und kostet Vertrauen. Ein bestimmtes »Nein« oder ein Anrempeln in der richtigen Intensität und danach wieder gute Stimmung ist allerdings besser, als andauerndes halbherziges Schimpfen und Zerren an der Leine.
Nach Meinung des dänischen Familientherapeuten Jesper Juul entstehen die meisten Schwierigkeiten und Konflikte, weil der Mensch nicht in der Lage ist, Nein zu sagen, obwohl er es möchte. Er kann sich nicht abgrenzen, sich nicht deutlich genug ausdrücken. An dem, was

einfach klingt, scheiden sich die Geister. Aber Grenzen setzen und Freiraum bieten gehören immer zum intakten Zusammenleben dazu, auch zum Zusammenleben zwischen Mensch und Hund.
Fatal in Bezug auf die Hundeerziehung ist, dass Verhalten, das nur gelegentlich Erfolg bringt, eifrig ausgebaut wird. Ein Hund, der nur jedes zehnte Mal beim Betteln etwas bekommt, lernt, dass er hartnäckig bleiben muss. Er lernt nicht, dass Betteln sinnlos ist, weil es meist erfolglos bleibt, sondern er lernt, dass er es nur häufig genug probieren muss.

Konsequentes Verhalten ist gefragt

Will man einen Hund tatsächlich kontrollieren, sollte man als Erstes die eigene Einstellung überprüfen. Beispiel Jagdtrieb: Wäre im Wald Gift ausgelegt, würde man erstens sofort, zweitens nachdrücklich und drittens immer reagieren, sobald der Hund nur eine Pfote breit vom Weg abkommt. In diesem Augenblick übernehmen wir die Führung, handeln authentisch und unverkrampft.
Würden wir auch in alltäglichen Situationen entsprechend schnell, deutlich und konsequent reagieren, gäbe es wahrscheinlich keine Probleme in puncto zuverlässigem Gehorsam. Im häuslichen Bereich verhalten sich viele Hundehalter intuitiv genau richtig, zum Beispiel wenn sich der Junghund an den Möbeln zu schaffen macht. Bei dem was uns wichtig ist, handeln wir meist klar und unmissverständlich. Und das funktioniert draußen genauso! Grenzen setzen ist im Wesentlichen also keine Frage der Methode, sondern eine Frage der inneren Haltung.

Überforderung durch falsche Erwartungen

Damit Ihr Hund versteht, dass Jagen tabu ist, muss im Alltag trainiert werden und nicht erst, wenn Wild in Sicht- oder Riechweite ist. Wer seinen Hund nicht dressieren möchte, sondern einfach nur will, dass er kommt, wenn er gerufen wird, der verlangt ihm zu viel ab. Ein Hund kann mit solchen Differenzierungen nicht umgehen, denn sie bedeuten: Überwiegend darf er selbst entscheiden, nur in manchen Situationen nicht? Das ist für den Hund eine Überforderung. Machen Sie sich daher bewusst, wo es sinnvoll ist, Freiraum zu geben und wo nicht. Darf Ihr Hund nach Mäusen buddeln? Immer, auch im Garten oder auf der Weide? Kennt Ihr Hund die Spielregeln oder entscheiden Sie von Fall zu Fall neu? Ganz klar: Je klarer die Regeln definiert sind und je konsequenter Sie diese Regeln durchsetzen, desto leichter ist es für den Hund sie zu verstehen.

FEHLVERKNÜPFUNGEN

Man hat es ihm 100-mal verboten und trotzdem stellt er der Katze nach, springt unaufgefordert aus dem Auto oder steht aus dem »Sitz« wieder auf. Ursache solcher Probleme können Fehlverknüpfungen sein. Diese sind bei fast allen Hunden zu beobachten. Die Kühlschranktür geht auf, und Bello steht zuverlässig bei Fuß. Das hat wahrscheinlich niemand seinem Hund beigebracht, aber jeder Hund kann

Die Kühlschranktür öffnet sich – für viele Hunde das Signal, heranzukommen.

es. Nicht ganz so auffällig: Der Karabiner der Leine schnipst und der Hund läuft los, ohne sein Freilaufhörzeichen abzuwarten. Oder die Kofferraumklappe geht auf und der Hund hopst heraus oder hinein. All diese Fehlverknüpfungen in Wahrnehmung und Verhalten des Hundes haben eines gemeinsam: Der Mensch hat sie verursacht, weil er nachlässig und inkonsequent war.

Der Begriff »Fehlverknüpfung« ist aus der Hundeperspektive auch falsch, denn es handelt sich nur vom menschlichen Standpunkt aus um eine fehlerhafte Verknüpfung. Der Hund macht etwas, was wir nicht möchten, ihm aber durchgehen ließen und lassen. Der Hund verknüpft

INFO

Erziehung Im Alltag

Hinzufügen von etwas Gutem:
Sie belohnen den Hund mit einem
Leckerli oder einer Kuscheleinheit.

Wegnehmen von etwas Unangenehmem:
Sie lockern den Zug auf das Halsband.

Hinzufügen von etwas Unangenehmem:
Sie schieben den Hund von sich weg.

Wegnehmen von etwas Gutem:
Sie entziehen dem Hund Aufmerksamkeit.

Erfahrungen, die er im Alltag gemacht hat.
Er kennt mit der Zeit die Tagesabläufe,
merkt sich Gewohnheiten oder gewisse
Regelmäßigkeiten und verknüpft alles
Mögliche miteinander, etwa: Immer wenn
Frauchen die Schuhe im Flur geraderückt,
kommt Besuch. Oder der Hund meint, er
müsse nur lange genug bellen, damit zum
Beispiel der Postbote wieder geht.
Zu den Klassikern unter den artüber-
greifenden Missverständnissen zählt
auch, dass der Hund einen Sitzbefehl
selbstständig auflöst. Daraufhin sagt der
Mensch erneut »Sitz« und denkt: »Jetzt
war ich aber konsequent und habe ihm
gesagt, dass er was falsch gemacht hat!«
Doch für den Hund hat nur eine neue
Übung begonnen. Die Verknüpfung, dass
er einen Fehler gemacht hat, indem er
aufgestanden ist, fehlt, denn er bekommt

nicht die dafür notwendige Information.
Richtig wäre es, dem Hund schon beim
ersten Ansatz aufzustehen zu zeigen,
dass er dies unterlassen muss. Ähnliches
passiert, wenn der Hund einer Katze hinterhergeht und wir ihn ins »Platz« rufen.
Der Hund befolgt im besten Fall die neue
Anweisung, versteht so aber nicht, dass es
verboten ist, Katzen zu jagen.

Fehlverknüpfungen beim Aufbau von Verhaltensketten

Unter einer Verhaltenskette versteht man
eine immer gleiche Abfolge von mehreren
unterschiedlichen Verhaltensweisen, an
deren Ende eine Belohnung steht. Der
Sinn dieser Abfolge ist für den Hund nicht
immer erkennbar, außer dass jedes Ket-
tenglied ihn ein Stück näher zu der Belohnung bringt. Oft bauen wir so eine Hand-
lungskette ungewollt auf. Ein klassisches
Beispiel kommt aus dem Aggressionsbe-
reich. Ein Hund, der aggressiv bellend auf
einen Artgenossen zugeht, wird gestoppt,
abgerufen und anschließend belohnt.
Nun könnte der Hund meinen, er muss
erst bellen, dann stoppen, dann wird er
gerufen und anschließend belohnt. Dieses
Missverständnis kommt auf, weil für uns
Menschen von vornherein klar ist, dass
allein die letzte Handlung, nämlich das
Herankommen, belohnt wird. Der Hund
verknüpft unter Umständen den gesamten
Ablauf: Erst begeht er selbstständig eine
triebliche Handlung, wird unterbrochen,
kommt heran und wird belohnt. Die
eigentliche Botschaft, nämlich: »Es ist
falsch, auf diese Weise auf Artgenossen
zuzugehen«, versteht er so nicht, insbesondere wenn der Fokus noch immer auf

dem auslösenden Reiz liegt, während der Hund bestätigt wird.

Wenn bereits eine falsche Verknüpfung besteht, dann ist es am besten, sie Lügen zu strafen und das zu Erwartende einfach nicht eintreten zu lassen. Signale erhalten ihren prophetischen Charakter erst dann, wenn sie zuverlässig mit bestimmten Aktionen zusammentreffen. Beispiel: Immer wenn es klingelt, steht jemand vor der Tür, deshalb rennt der Hund bellend hin. Um diesem Signal die »prophetische« Kraft zu nehmen, sollte es häufiger mal läuten, ohne dass jemand kommt. So kann man auch mit anderen Fehlverknüpfungen umgehen. Wenn Bello vor jedem Gassigang völlig ausflippt, weil es bald hinausgeht, kann man sich mehrmals täglich die Leine schnappen, die Schuhe anziehen und sich dann vor den Fernseher setzen, statt zum Spaziergang aufzubrechen. Das größte Missverständnis ist und bleibt allerdings die Kühlschranktür. Da hilft nur standhaft zu bleiben und dem Hund nie – wirklich niemals – etwas daraus zu geben.

KANN ER NICHT ODER WILL ER NICHT?

Sollte ein Ausbildungsschritt oder eine Erziehungsmaßnahme beim Hund nicht ankommen, muss sich der Mensch folgende Frage stellen: Kann der Hund die Übung nicht machen oder will er sie nicht machen? Die Antwort auf diese Frage bestimmt die nachfolgende Strategie. Wenn Sie Ihren Hund rufen und dieser »nimmt auf dem Weg zu Ihnen noch ein paar Bäume mit« und markiert, wäre es unangebracht, darauf mit Verständnis und Güte zu reagieren. Falls der Hund aber

nicht weiß, dass der Rückruf bedeutet, immer und auf dem direkten Weg sofort zu Ihnen zu kommen, dann wäre es unfair, ihn zu strafen. In diesem Fall sollten Sie ihm die Bedeutung des Hörzeichens erst mal durch Training beibringen.

Unklare Körpersprache

Es gibt nur zwei Gründe warum Hunde nicht kooperieren: Der erste Grund ist, dass der Mensch sich körpersprachlich nicht klar ausdrücken kann. Viele Hunde, die durchaus gesprächsbereit sind und sich bemühen, es ihrem Menschen recht zu machen, verstehen einfach nicht, was von ihnen erwartet wird, wenn der menschliche Körper unbewusst etwas anderes ausdrückt als das gesprochene Wort. Vierbeiner, die so ständig nur »Bahnhof« verstehen, resignieren irgendwann. Hier muss vor allem der Mensch geschult werden, die Signale des Hundes richtig aufzufassen und darauf adäquat zu reagieren.

Mangelnder Respekt

Beim zweiten Grund, weshalb Hunde nicht kooperieren, verhält es sich genau umgekehrt: Der Vierbeiner könnte zwar, will aber nicht. Es gibt Hunde, die verstehen durchaus, was von ihnen erwartet wird, aber scheren sich nicht im Geringsten darum, weil der Mensch es bisher versäumt hat, den nötigen Respekt einzufordern. Hier ist es nötig, dass der Mensch lernt, dem Hund angemessen Grenzen zu setzen und zu erklären, was er von ihm erwartet: sich einem begonnenen Gespräch nicht einfach zu entziehen, sondern höflich zuzuhören und mitzumachen.

Die
Ausbildung
zum
Assistenzhund

EDITH BLECHSCHMIDT

- trainiert in ihrer Hund-mit-Mensch-Schule Pro vorwiegend Arbeitshunde wie Rettungs-, Besuchsdienst-, Assistenz- und Blindenführhunde. Die 42-jährige Hoferin ist verheiratet und Mutter zweier Kinder.

Worauf muss man beim Training solcher Spezialhunde besonders achten?

Beim Blindenführhund zum Beispiel sollte der Augenkontakt bei der Ausbildung komplett wegfallen. Denn Blicke spielen für einen Kommunikationsexperten wie den Hund eine große Rolle, doch er muss sich daran gewöhnen, dass der Augenkontakt fehlt. Also vermeide ich Blickkontakt grundsätzlich, wenn ich mit dem Hund umgehe, selbst bei alltäglichen Dingen wie Abrufen oder Pfoten abwischen.

Weiß ein Hund, ob ihn jemand sehen kann oder nicht?

Ich würde nicht behaupten, die Hunde merken, dass ein Mensch blind ist. Aber ich denke, die Hunde begreifen, was dieser Mensch kontrollieren kann und was nicht. Achten Sie doch mal darauf, wie oft am Tag Sie mit Ihrem Hund Blickkontakt aufnehmen und wie oft Sie Ihren Hund durch Blicke beeinflussen und umgekehrt.

Das heißt, der Hund weiß, ob er gesehen und beobachtet wird oder nicht?

Ja, ganz genau. Leider ist es in der Ausbildung nicht überall üblich, von Anfang an darauf zu achten, den Hund gar nicht erst an den Augenkontakt zu gewöhnen. Dadurch treten später beim Kunden im Alltag oft Probleme mit dem Gehorsam auf. Denn die Hunde merken, wenn sie abgegeben werden, ziemlich schnell, bei wem sie sich etwas herausnehmen können und bei wem nicht.

Verwenden Sie überhaupt Körpersprache, wenn Sie Assistenz- oder Blindenführhunde trainieren?

Das kommt darauf an, für wen der Hund ausgebildet wird. Menschen, die von Geburt an blind sind, tun sich mit Gestik schwerer als Späterblindete. Und es ist natürlich ein Riesenunterschied, ob jemand, der im Rollstuhl sitzt, Arme und

Oberkörper uneingeschränkt bewegen kann oder nicht. Je mehr Einschränkungen der Mensch hat, desto schwieriger ist die Ausbildung des Hundes.

Benutzen Sie vorwiegend Futter, um die Hunde auszubilden?

Bei einem gut veranlagten Hund, also einem, der von sich aus gern die Dinge tut, die er später für einen Menschen machen soll, braucht man nicht viel Futter. Deshalb nimmt man ja so gern Retriever oder Retrievermischlinge, weil denen das Holen und Bringen von Gegenständen einfach im Blut liegt. Einen Malinois dagegen muss man erst überzeugen, dass er die Beute abgeben soll. Anders ist es, wenn ich dem Hund beibringen möchte, Ampelmasten oder Türen anzuzeigen. Diese Dinge spielen ja in der Hundewelt keine Rolle. Die muss man über die lerntheoretischen Grundsätze konditionieren.

Wie sieht so eine Konditionierung aus?

Einfach ausgedrückt, der Hund wird belohnt, wenn er etwas richtig macht, meistens mit Futter oder Clicker. Es hat lange gedauert, bis man sich auch in diesem Ausbildungsbereich solchen positiven Verstärkern genähert hat. Früher ließ man den Hund im Führgeschirr in Richtung Ampel laufen, während der Mensch mit dem Geschirr unangenehm auf ihn einwirkte. Erreichte der Hund den Ampelmast, hörte der Druck auf. Der Hund lernte also: Wenn dieses Hörzeichen erfolgt, muss ich möglichst schnell zum Ampelmast kommen, um Schmerz zu vermeiden. In der Lerntheorie heißt diese

Vorgehensweise negative Verstärkung, etwas Unangenehmes wird weggenommen. Es funktioniert, aber abgesehen von der Frage, ob man so mit einem Lebewesen umgehen darf, ist es natürlich bedenklich, Anzeigen, die für den Menschen wichtig sind, über Aversion, also über unangenehme Gefühle aufzubauen. Niemand, der beim Arbeiten Stress empfindet oder Angst hat, kann gute Leistungen erbringen, auch Hunde nicht.

Was ist für Sie das wichtigste Lernziel bei der Ausbildung?

Das wichtigste ist eine hohe Zuverlässigkeit. Der Hund sollte von klein auf lernen, wenn der Mensch etwas sagt, muss es gemacht werden. Diese Arbeitseinstellung, wie »Der Mensch ruft mich und ich komme, weil ich es so gewohnt bin und gar nichts anders kenne«, ist einer der wichtigsten Parameter bei der Ausbildung überhaupt. Ein Hund, der mit dieser Grundhaltung erzogen wird, wird später höchstwahrscheinlich zuverlässig seine Aufgaben erfüllen. Ganz anders ein Hund, der schon früh lernt: Es gibt Menschen, bei denen muss man nicht immer tun, was sie sagen, und es gibt Menschen, da muss man das schon. Das passiert, wenn der Hund an einer Stelle aufwächst, wo er zu viele Freiheiten hat, weil die Leute zu unerfahren sind oder zu nett. Daraus entwickeln sich Hunde, die fremde Menschen später immer erst mal testen. Diese Hunde prüfen, was für eine Sorte Mensch sie da vor sich haben, ob sie hier gehorchen müssen oder nicht. Und wenn der Kunde, egal, ob blind oder nicht, dann unerfahren ist, nutzt der Hund das für sich aus.

Spiel *mit* mir – aber richtig!

Bällchen werfen, Agility, Leckerchensuche: Dies sind typische Beschäftigungen, die wir Menschen oft als Spiel mit dem Hund verstehen. Aber es sind Beschäftigungen und nicht das, was Hunde normalerweise spielen würden. Die Frage ist außerdem, was bringen solche Tätigkeiten eigentlich für die Hund-Mensch-Beziehung? Und wie könnte ein Spiel zwischen Hund und Mensch wohl aussehen, wenn man den Ball mal wegließe?

Beschäftigung mit dem Hund, das bedeutet für viele Menschen Rennspiele, Zerrspiele oder den Hund hinter etwas herhetzen zu lassen. Beschäftigung, die Spaß macht, kann auch ganz anders aussehen – ohne wilde Rennerei. Denn falsche Beschäftigung ist genau so schlecht wie zu wenig Beschäftigung.

LIEBLINGSSPIELE

Hunde spielen nicht nur individuell sehr unterschiedlich, es gibt auch einige rassetypische Unterschiede, die auf die ursprünglichen Zuchtziele zurückgehen. So sollten Russell Terrier möglichst selbstständig und angriffslustig sein, um bei der Jagd auf Ratten und Mäuse eigenständig und entschlossen zu handeln. Ihr Spielverhalten ist daher eher rau und aggressiv. Sie lieben wilde Zerrspiele und behalten

Solange der Mensch die Kontrolle behält, Tempo und Stimmung bestimmen kann, sind Hetz- und Beutespiele kein Problem.

beim Miteinanderspielen stets mögliche Vorteile im Auge, die sich für sie ergeben. Retriever sind dagegen auf die Kooperation mit dem Menschen hin gezüchtet. Ihr Spielverhalten ist von sozialem Miteinander und gutem Zusammenwirken geprägt. Hütehunde wie Collie, Kelpie oder Australian Shepherd sind meistens für Agility, Treibball und alle Arten von Distanzarbeit zu begeistern. Beagles, Dackel und Schweißhunde eignen sich eher für konzentrierte Nasenarbeit. Spaniels und viele Vorstehhunde lieben Such- und Apportierspiele. Windhunde und Huskys müssen vor allem rennen, um ausgeglichen zu sein. Für die einen besteht die Welt fast nur aus Gerüchen, den anderen entgeht nicht die kleinste Bewegung oder das leiseste Geräusch.

Darüber hinaus besitzt jeder Hund seine Vorlieben, Abneigungen und seine ganz eigene Gefühlswelt. Durch Spielen lernen starke Hunde Selbstkontrolle. Ängstliche und unsichere gewinnen Sicherheit durch jede Herausforderung, die sie bewältigen, denn: Kompetenz macht stark.

Durch die vermehrte Dopaminausschüttung beim Hetzen kann der Hund regelrecht süchtig werden und angesichts der Scheibe die Selbstkontrolle verlieren.

BÄLLE UND STÖCKCHEN

Beim Spiel mit einem Objekt haben Hund und Mensch sozusagen ein Thema, über das sie reden können: Das Stöckchen oder der Ball fliegt, der Hund flitzt hinterher – wieder und wieder. Beim monotonen Ballwerfen werden jedoch isolierte Elemente aus dem Jagdverhalten herausgegriffen und eingeübt, nämlich Hetzen, Packen und eventuell Totschütteln der Beute. Bei manchen Hunden verursacht die vermehrte Dopaminausschüttung im Gehirn ein regelrechtes Suchtverhalten. Sie werden zu »Balljunkies«. Dabei könnten Hund und Mensch auch einfach nur toben, miteinander raufen oder Verstecken spielen, es gibt

Möglichkeiten jenseits von Apportier- und Zerrspielen. Doch offenbar fehlt vielen Zweibeinern dazu die nötige Unbefangenheit. Sie machen sich zu viele Gedanken, um bloß nichts falsch zu machen, dabei ist Spielen eine der selbstverständlichsten Sachen der Welt!

Hunde spielen ein Leben lang

Verglichen mit wild lebenden Caniden wie Wölfe und Dingos, die einem hohen Überlebensdruck ausgesetzt sind, haben es unsere Haushunde relativ leicht: Ihre Versorgung ist überwiegend gesichert, sie müssen nicht um ihr tägliches Überleben kämpfen. Hunde bleiben daher meist infantil, was ihre Entwicklung betrifft, das heißt, sie werden eigentlich nie richtig erwachsen. Wesentliche Verhaltensformen ihrer wilden Vorfahren wie Jagen und sich Fortpflanzen leben sie nur spielerisch aus. Viele Hunde hetzen ein Kaninchen zwar, sie töten es aber nicht. Ihre Spielfreude bleibt bis ins hohe Alter erhalten.

Spielverderber gibt es nicht

Manche Hundebesitzer behaupten: »Mein Hund spielt nicht!« Zugegeben, das Spiel eines Huskys oder das der Herdenschutzhunde Kangal und Ovtcharka fällt eher spärlich aus. Doch es kommt auch darauf an, die Sache interessant zu machen. Tipp: Räumen Sie altes Spielzeug weg und besorgen Sie ein neues Teil, am besten aus einem Material, das Ihr Hund gern ins Maul nimmt. Legen Sie es an einen Platz, der für den Hund unerreichbar ist. Einmal pro Tag holen Sie es hervor und sagen begeistert »Oh, fein«, werfen es hoch, fangen es auf, legen es wieder weg. Und auch wenn Ihr Hund schon interessiert ist: Sie rücken das Teil auf keinen Fall raus. Das wiederholen Sie ein paar Tage. Machen Sie ein Ritual daraus, und Sie werden sehen, Ihr Hund wird immer neugieriger auf das neue Spielzeug. Anschließend können Sie es dann für Apportier- und Versteckspiele verwenden.

Macht Tauziehen dominant?

Viele Hunde mögen Zerrspiele. Das Tauziehen appelliert an ihre kämpferischen Instinkte und fördert den Wettbewerbsgedanken. Tiere wetteifern ständig miteinander, wahrscheinlich um ihre Kräfte

zu trainieren und immer wieder neu ihren Status abzugleichen. Darum empfehlen viele Trainer, kein Tauziehen zu veranstalten oder den Hund nie gewinnen zu lassen. Doch was ist das für eine Beziehung, wenn jemand immer verliert? Worauf es ankommt, ist der soziale Kontext des Einzelfalls. Natürlich gibt es gute Gründe, manches besser nicht zu tun. Wenn die Beziehung jedoch stimmt, warum nicht mal den Hund gewinnen lassen? Der Hund darf ein Spiel auch mal initiieren. Wenn uns danach ist, machen wir mit. Erfolg macht auch sicher und selbstbewusst, und das ist gut für ein kompetentes Verhalten.

Tauziehen macht Spaß. Richtig ausgeführt, hat es keine negativen Folgen.

Pro und *kontra* **Zerrspiele**

**IRIS FRANZKE (LINKS),
PETRA FÜHRMANN (RECHTS)**

■ Petra Führmann gründete 1992 die Aschaffenburger Hundeschule, Iris Franzke kam 2001 ins Team.

Sollte man mit Hunden spielen?

I.F.: Spielen ist für Hunde sehr wichtig. Sie bleiben bis ins hohe Alter verspielt. Spielen macht Spaß und stärkt die Bindung des Hundes an den Menschen.

Warum ist das Tauziehen so beliebt?

P.F.: Das Tauziehen appelliert an die kämpferischen Instinkte und fördert den Wettbewerbsgedanken. Tiere wetteifern ständig miteinander, wahrscheinlich um ihre Kräfte zu trainieren und immer wieder neu ihren Status abzugleichen.

Oft hört man Hunde dürften bei Zerrspielen nicht gewinnen, sonst würden sie dominant. Stimmt das?

P.F.: Worauf es ankommt ist der soziale Kontext im Einzelfall. Es gibt Hunde, die Zerrspiele zur Demonstration Ihrer Kraft oder Ihres Status benutzen – aber dann ist bereits einiges schief in der Mensch-Hund-Beziehung. Keinesfalls ist das Zerrspiel die Ursache, sondern das Verhalten des Hundes dabei eher ein Symptom.

Muss der Mensch immer gewinnen?

P.F.: Achten Sie darauf, regelmäßig, aber nicht immer zu gewinnen. Hunde haben ein sehr feines Gespür dafür, ob ein Spiel »echt« ist, also ohne Hintergedanken. Wenn Ihr Hund immer verliert, wird er irgendwann den Spaß am Spiel verlieren.

Kann ein Hund Spiel und Realität unterscheiden? Weiß er, dass ich immer noch »Chef« bin, auch wenn er im Spiel gewinnt?

P.F.: Ja natürlich! Hunde benutzen Spielsituationen mit anderen Hunden häufig, um den Status auszutesten und darzustellen – es gibt aber auch »echtes« Spiel ohne jeden Hintergedanken. Das hängt sehr stark vom jeweiligen Hund ab. Es gibt sehr viele Hunde, die keinerlei Gedanken an Status oder Macht verschwenden und einige wenige, bei denen man darauf achten muss.

Viele Hunde werden beim Zerren sehr wild. Kann das gefährlich werden?

P.F.: Das Tauziehen simuliert das Zerreißen der Beute und den Wettstreit mit Artgenossen um die besten Stücke. Dabei kann der in Ekstase geratene Vierbeiner beim Nachfassen unabsichtlich die Hand des

Menschen packen. Aber das Risiko ist gering sofern einige Regeln beachtet werden.

Welche Regeln gilt es zu beachten?

P.F.: Der Hund darf nie grob werden und in Haut oder Kleidung beißen. Brechen Sie in diesem Fall das Spiel sofort mit einem empörten »Au!« ab und nehmen Sie das Spielzeug an sich. Akzeptiert der Hund dies nicht, schnappt weiter oder springt an Ihnen hoch, sollten Sie eine Leine verwenden, um sich kurz daraufstellen und den Hund ausbremsen zu können.

Mein Hund steigert sich extrem ins Spiel hinein. Er ist dann nicht mehr zu bremsen. Was kann ich da tun?

P.F.: Dann müssen Sie an seiner Selbstbeherrschung bzw. Impulskontrolle arbeiten. Beginnen Sie etwa mit einem simplen Sitz und einem langsam davonkullernden Leckerchen – Der Hund muss sitzenbleiben – am besten mit Leine absichern – und darf erst auf Erlaubnis nach dem Leckerchen springen. Steigern Sie dies, bis auch das Lieblingsspielzeug wegfliegen kann und Ihr Hund sitzen oder liegen bleibt.

Was tun bei besitzanzeigendem Verhalten, also bei Beuteaggression?

P.F.: Dann sollten Sie Zerrspiele wirklich vermeiden. Bei beuteaggressiven Hunden ist es sehr selten, dass sie noch spielen. Da geht es ums Haben wollen und das bedeutet für Sie als Spielenden auch, dass sie dieselbe Einstellung haben müssen. Ihr Auftreten müsste beim Spiel heftig sein, damit Sie dem Hund etwas entgegensetzen können und damit handelt es sich schon lange nicht mehr um Spiel.

Was ist beim Zerrspiel mit jungen oder alten, kranken Hunden wichtig?

P.F.: Ruckartiges Ziehen, insbesondere bei jungen Hunden im Zahnwechsel, heftiges Reißen am Spielzeug oder herumschleudern müssen unbedingt der körperlichen Fitness des Hundes angepasst sein – mit dem Rottweiler darf man natürlich wilder toben als mit einem Windspiel. Achten Sie darauf auf Bodenhöhe zu spielen und das Spielzeug nicht immer hochzuhalten. So vermeiden Sie dass der Hund danach springt und schonen seine Gelenke.

Sollten Kinder Zerrspiele mit dem Hund machen?

P.F.: Das lässt sich nicht einfachen mit Ja oder Nein beantworten. Der Zwölfjährige mit dem Havaneserwelpen eher ja, die Fünfjährige mit dem Pudel, der schon zweimal zugebissen hat, wenn es um Beute geht eher nein. Am sichersten ist es, Kinder nur unter Aufsicht von Erwachsenen mit dem Hund spielen zu lassen.

Kann das Spiel auch ein Ausgleich zum Alltag sein in dem der Hund sich meistens anpassen muss.

P.F.: Spielen kann ein wunderbarer Ausgleich sein. Auch wenn ich bestimmte Regeln im Spiel einfordere und einhalte, geht es doch im Kern um ausgelassenes Herumtoben. Die meisten Hunde genießen es, dem Menschen die Beute wegzuschnappen und albern durch die Gegen zu hüpfen. Das Rangeln fördert die Zusammengehörigkeit, der Mensch zeigt, dass er auch mal nachgeben kann und wenn er sich durchsetzt, weiß der Hund, dass er sich auf den Menschen verlassen kann.

SOZIALISATION DURCH DAS SPIEL MIT MENSCHEN

Hunde spielen mit uns Menschen anders als mit ihresgleichen. Sie lassen einen Gegenstand schneller fallen, geben ihn leichter ab und sind weniger wettbewerbsorientiert als untereinander. Sie haben Spaß, erleben aber auch Frust. Das ist wichtig, denn auch den muss ein Hund aushalten können. Außerdem merken Hunde während des Spielens, dass der Mensch auf ihre Signale eingeht, und dass es ihr Verhalten ist, mit dem sie eine Situation beeinflussen können. Dies macht sie selbstsicherer und gelassener, was der Beziehung Hund-Mensch guttut.

Spielend fürs Leben lernen

Menschen und Hunde werden in soziale Gemeinschaften hineingeboren. Beide müssen daher lernen, sich anzupassen und einzufügen. Denn auch ein Hundealltag besteht großenteils aus Anpassung: Warten, bis Frauchen Zeit hat Gassi zu gehen, warten, bis das Futter kommt und die Freigabe, es auch zu fressen. An lockerer Leine zum Park laufen, warten, bis der Haken gelöst wird und der Mensch »lauf« sagt. Rehe, Hasen und Katzen gehören übrigens dem Menschen und sind tabu. Kann man so viel Selbstbeherrschung einem Hund überhaupt antrainieren? Sicher gelingt es manchen Vierbeinern besser,

Spielen geht auch ohne Beute und trainiert die Fitness. Aufeinander eingehen und sich spiegeln, ist nur eine Möglichkeit, sich spielerisch miteinander zu beschäftigen.

Hunde, die viel mit Menschen spielen, sind ausgeglichener und leichtführiger.

Frust auszuhalten, wenn sie nicht gleich bekommen, was sie gern hätten. Doch gerade Hunde mit einer starken Neigung zu impulsivem Verhalten müssen lernen, die innere Spannung auch mal auszuhalten. So kann der Mensch zum Beispiel

- ein Spiel sofort abbrechen, indem er sich vom Hund wegdreht, wenn dieser zu wild oder gar übergriffig wird.
- erst dann mit dem Hund weiterspielen, wenn dieser entspannt ist.
- das Spiel beginnen und beenden.
- die Spielregeln festlegen.
- die Art des Spielens bestimmen.
- die Stimmung des Hundes während des Spielens immer wieder beeinflussen von freudig-erregt bis entspannt.
- schnelle Wechsel zwischen temporeichem Spiel und Ruhe üben.
- Ruhe durch Spieleinheiten belohnen.

Impulskontrolle ist wichtig

Ein Hund, der nicht sitzen bleiben kann, wenn der Ball fliegt, hat Schwierigkeiten mit der Impulskontrolle. Das Problem ist nicht die natürliche Lust am Hetzen, sondern die fehlende Selbstkontrolle. Impulskontrolle bedeutet eine Wahl zu haben, nicht auf jeden Reiz zwangsläufig reagieren zu müssen. Dazu müssen Hunde üben, sich selbst zu beherrschen. Durch verschiedene Alltagsübungen wie

- ruhig zusehen, wie andere Hunde toben, ohne sofort mitmachen zu dürfen,
- nicht jeden Hund, den man zufällig trifft, kennenlernen dürfen,
- angebunden kurz warten müssen,
- entspannt stehen bleiben, obwohl der Hund am liebsten losrennen möchte,
- etwas nicht fressen dürfen, was in erreichbarer Nähe liegt. Insbesondere Welpen und Junghunde können spielend lernen, sich zu beherrschen und nicht jedem Reiz gleich zu erliegen.

DER WERT DES SPIELS

Nicht vergessen: Spielen ist eine lustbetonte und gleichzeitig zweckfreie Tätigkeit. Schließlich weiß man nie genau, wie es weitergeht und was als Nächstes geschieht. Dennoch kann Spielen die unterschiedlichsten Zwecke erfüllen: Im Spiel werden soziale Strategien geübt, Spielen entspannt, ertüchtigt und lenkt ab. Das alles steht aber nicht im Vordergrund des Tuns, sondern ergibt sich mehr oder weniger nebenbei. Alle am Spiel Beteiligten werden vor immer neue Situationen gestellt und müssen diese für sich klären. Dabei lernt man sich anzupassen, Stress auszuhalten und Konflikte zu lösen. Spielen macht fit fürs Leben.

Ein *Wort* zum *Schluss*

Etwa 40 Prozent der deutschen Haushalte besitzen ein Haustier. Am häufigsten teilen wir unser Leben mit Katzen und Hunden. Und wir sind bereit, dafür nicht nur viel Zeit, sondern auch viel Geld zu investieren. Die geschätzten Kosten für die Haltung eines Hundes liegen bei durchschnittlich 1500 Euro im Jahr. Aber was bekommen wir dafür?

Welchen Nutzen haben wir Tierliebhaber von dieser Beziehung? Das Ergebnis einer entsprechenden Studie zeigt: Menschliche Freunde werden zwar als wichtiger betrachtet wenn es darum geht, sich jemandem anzuvertrauen. Doch es gibt auch ein Gebiet, in dem die Tiere den menschlichen Freunden offenbar überlegen sind: im Schenken von bedingungsloser Liebe. Die Frage, ob Hunde ihren Halter tatsächlich lieben oder ob wir das nur glauben möchten, wird sich wissenschaftlich nicht klären lassen. Fakt ist, dass Haustiere eine positive Auswirkung auf unsere Gesundheit und unser Wohlbefinden haben. Allein einem Hund oder einer Katze übers Fell zu streicheln kann blutdrucksenkend wirken. Doch ein Hund kann noch mehr: Während eines 20-minütigen Spaziergangs hat der Hundebesitzer eine Lichtdusche genommen, Melatonin aus dem Blut getrieben und Endorphine ausgeschüttet. Gleichzeitig hat er allerhand gegen Thrombosen, Herzinfarkt und Bandscheibenvorfall getan. Außerdem entsteht überall wo ein Hund lebt ein »Rudel«, dessen Anführer automatisch Herrchen oder Frauchen ist. Ein Umstand, der das Sozialgefüge der Familie nicht selten zum allerersten Mal klar strukturiert. Voraussetzung für eine bereichernde Beziehung ist eine gute Kommunikation. Wenn sie nicht klappt geht alles schief und der Hund kann eine große Belastung werden. Versteht der eine den anderen nicht, kommt es zu ständigem Fehlverhalten, im schlimmsten Fall sogar zur Katastrophe, wenn der Hund zubeißt. Tiere, insbesondere Hunde bemühen sich redlich, uns Menschen zu verstehen, umgekehrt ist das nicht immer so. Mit diesem Buch möchte ich dazu beitragen, mehr Verständnis zu entwickeln für die Spezies Hund. Denn nur wenn man weiß, was diesem Tier von Natur aus vorgegeben ist, lässt sich sein Verhalten richtig deuten und wir können unser Leben mit dem Hund genießen. Wir verstehen, was er uns sagen will.

Ihre

A. Nestler

Dank

Danken möchte ich an dieser Stelle all jenen, die mich beim Schreiben dieses Buches sowohl inhaltlich wie redaktionell begleitet haben. Besonders erwähnt seien das Team vom HundeHandwerk®: Armin, Tanja und Edith, von Euch habe ich am meisten über die Arbeit mit Hunden gelernt. Ebenfalls herzlich danken möchte ich meinen beiden Lektorinnen Janette Schroeder und Angelika Lang: Von Ihnen kamen zahlreiche gute Anregungen. Und nicht zuletzt ein herzliches Dankeschön für ihre Unterstützung an Nadja Harzdorf und ihr Team vom GRÄFE UND UNZER VERLAG sowie Heike Dorn von DOGS.

ADRESSEN UND BÜCHER, DIE WEITERHELFEN

Verbände und Vereine

Verband für das Deutsche Hundewesen e. V. (VDH),
Westfalendamm 174,
44141 Dortmund
www.vdh.de

Österreichischer Kynologenverband (ÖKV),
Siegfried-Marcus-Str. 7,
A-2362 Biedermannsdorf
www.oekv.at

Schweizerische Kynologische Gesellschaft (SKG),
Brunnmattstr. 24,
CH-3007 Bern
www.skg.ch

Deutscher Tierschutzbund e. V.,
Baumschulallee 15,
53115 Bonn,
www.tierschutzbund.de

Österreichischer Tierschutzverein,
Berlagasse 36,
1210 Wien,
www.tierschutzverein.at

Schweizer Tierschutz (STS),
Dornacherstraße 101,
Postfach
CH-4008 Basel,
www.tierschutz.com

BPT – Bundesverband praktizierender Tierärzte e. V.,
www.smile-tierliebe.de
Über das Online-Tierärzteverzeichnis des BPT finden Sie Tierärzte in Ihrer Nähe

Fragen zur Haltung von Hunden beantworten

Ihr Zoofachhändler und der Zentralverband Zoologischer Fachbetriebe Deutschlands e. V. (ZZF),
Tel. (06 11) 44 75 53 32
(nur telefonische Auskunft möglich: Mo 12–16 Uhr, Do 8–12 Uhr),
www.zzf.de

Registrierung von Hunden

Internationale Zentrale Tierregistrierung (IFTA),
Nördliche Ringstraße 10,
91126 Schwabach,
www.tierregistrierung.de

TASSO e.V.,
Abt. Haustierzentralregister,
Frankfurter Straße 20,
65784 Hattersheim,
www.tasso.net

Bücher

Bloch, Günter/Ruge, Nina:
Was fühlt mein Hund? Was denkt mein Hund?,
Gräfe und Unzer Verlag

Feddersen-Petersen, Dorit U.: **Ausdrucksverhalten beim Hund,** Franckh-Kosmos Verlag

Gansloßer, Udo/Kitchenham, Kate: **Forschung trifft Hund,** Franckh-Kosmos Verlag

Miklósi, Ádám: **Hunde. Evolution, Kognition, Verhalten,** Franckh-Kosmos Verlag

Schmidt-Röger, Heike:
Das große Praxishandbuch Hunde, Gräfe und Unzer Verlag

Zeitschriften

Dogs.
Gruner + Jahr, Hamburg,
www.dogs-magazin.de

Partner Hund.
Ein Herz für Tiere Media GmbH, Ismaning,
www.partner-hund.de

Die werden Sie auch lieben.

Die Fotografin

Debra Bardowicks ist schon seit ihrer Kindheit von Tieren fasziniert. Mit ihrem Beruf verbindet sie ihre beiden Leidenschaften: Tiere und Fotografie. Als freie Fotografin reist sie für ihre spannenden Projekte um die Welt. Zahlreiche Bilder von ihr findet man in Zeitschriften und Büchern. Tierfotos von Debra Bardowicks gibt es im Internet unter www.animal-photography.de

Die Autorin

Astrid Nestler M.A., studierte Kommunikationswissenschaft, Politik und Amerikanistik und arbeitete mehrere Jahre als Produktionsassistentin bei DENKmal Film in München. Sie ist heute als freie Journalistin tätig, Schwerpunkt ihrer Arbeit ist die Mensch-Hund-Beziehung. Seit 2008 bildet sie zusammen mit Armin und Tanja Schweda Menschen und Hunde im HundeHandwerk® aus. Mit ihrer Dalmatinerhündin Esrah legte sie zweimal die Rettungshundeprüfung in der Sparte »Fläche« ab.

Projektteam: Cornelia Nunn, Vanessa Lotz, Regina Denk
Lektorat: Angelika Lang, Janette Schroeder
Bildredaktion: Daniela Jelinek, Petra Ender (Cover)
Umschlaggestaltung und Layout: independent Medien-Design, Horst Moser, München
Satz: Janette Schroeder
Herstellung: Petra Roth
Reproduktion: medienprinzen GmbH, München
Druck und Bindung: Firmengruppe APPL, aprinta druck, Wemding

ISBN 978-3-8338-3445-5
1. Auflage 2013

Bildnachweis

Alle Bilder in diesem Buch stammen von **Debra Bardowicks** mit Ausnahme von: **Juniors Bildarchiv:** 46/47; **Schäferei und Tierschule Krüger-Degener:** 188; **Heiner Orth:** 40; **Verena Scholze:** 212; **Mark Seelen:** 9; **Lars Thiemann:** 90-1; **Wildlife:** 29; **Zoonar:** 158.
Alle Illustrationen in diesem Buch stammen von **Katharina Rücker-Weininger.**

Syndication:
www.jalag-syndication.de

Liebe Leserin, lieber Leser,

haben wir Ihre Erwartungen erfüllt? Sind Sie mit diesem Buch zufrieden? Haben Sie weitere Fragen zu diesem Thema? Wir freuen uns auf Ihre Rückmeldung, auf Lob, Kritik und Anregungen, damit wir für Sie immer besser werden können.

GRÄFE UND UNZER Verlag
Leserservice
Postfach 86 03 13
81630 München
E-Mail:
leserservice@graefe-und-unzer.de

Telefon: 00800 / 72 37 33 33*
Telefax: 00800 / 50 12 05 44*
Mo–Do: 8.00–18.00 Uhr
Fr: 8.00–16.00 Uhr
(* gebührenfrei in D, A, CH)

Ihr GRÄFE UND UNZER Verlag
Der erste Ratgeberverlag – seit 1722.

Umwelthinweis:
Dieses Buch ist auf PEFC-zertifiziertem Papier aus nachhaltiger Waldwirtschaft gedruckt.

 www.facebook.com/gu.verlag

GRÄFE UND UNZER

Ein Unternehmen der
GANSKE VERLAGSGRUPPE